全国高职高专工业机器人专业"十三五"规划系列教材

工业机器人应用型人才培养指定用书

工业机器人离线编程

（第二版）

主　　编　张明文

副主编　霍学会　王　伟

参　　编　王璐欢　王　艳

主　　审　于振中

U0199422

华中科技大学出版社

中国·武汉

内 容 简 介

本书基于 RobotStudio,从工业机器人应用实际出发,由易到难展现了工业机器人虚拟仿真技术在多个领域的应用。基于具体实训任务,配合丰富的图片,全面地展示了搭建工作站、创建系统、创建坐标系、创建机器人运动路径、创建 Smart 组件、仿真调试等操作。通过学习本书,读者可对工业机器人虚拟仿真应用有一个清晰全面的认识。本书图文并茂,通俗易懂,具有很强的实用性和可操作性,既可作为高等院校和中高等职业院校工业机器人虚拟仿真相关专业的教材,又可作为工业机器人培训机构用书,同时可供相关行业的技术人员参考。

本书配套有丰富的教学资源,凡使用本书作为教材的教师均可向作者咨询机器人实训教学装备相关事宜,也可通过书末"教学资源获取单"索取相关数字教学资源。咨询邮箱:edubot_zhang@126.com。

图书在版编目(CIP)数据

工业机器人离线编程/张明文主编. —2 版. —武汉:华中科技大学出版社,2022.8(2024.1重印)
ISBN 978-7-5680-8634-9

Ⅰ.①工… Ⅱ.①张… Ⅲ.①工业机器人-程序设计-高等职业教育-教材 Ⅳ.①TP242.2

中国版本图书馆 CIP 数据核字(2022)第 137169 号

工业机器人离线编程(第二版) 张明文 主编
Gongye Jiqiren Lixian Biancheng(Di-er Ban)

策划编辑:万亚军 霍学会
责任编辑:万亚军 顾三鸿
封面设计:肖 婧
责任监印:周治超
出版发行:华中科技大学出版社(中国·武汉)　　　电话:(027)81321913
　　　　　武汉市东湖新技术开发区华工科技园　　　邮编:430223
录　　排:武汉三月禾文化传播有限公司
印　　刷:武汉邮科印务有限公司
开　　本:787mm×1092mm　1/16
印　　张:16.75
字　　数:425 千字
版　　次:2024 年 1 月第 2 版第 3 次印刷
定　　价:49.80 元

全国高职高专工业机器人专业"十三五"规划系列教材

编审委员会

序一

现阶段,我国制造业面临资源短缺、劳动力成本上升、人口红利减少等压力,而工业机器人的应用与推广,将极大地提高生产效率和产品质量,降低生产成本和资源消耗,有效提高我国制造业竞争力。我国《机器人产业发展规划(2016—2020年)》强调,机器人是先进制造业的关键支撑装备,也是未来生活方式的重要切入点。广泛采用工业机器人,对促进我国先进制造业的崛起有着十分重要的意义。"机器换人,人用机器"的新型制造方式有效推进了工业升级和转型。

工业机器人作为集众多先进技术于一体的现代制造业装备,自诞生起至今已经取得了长足进步。当前,新科技革命和产业变革正在兴起,全球工业竞争格局面临重塑,世界各国及国际经济组织紧抓历史机遇,纷纷出台相关战略:美国的"再工业化"战略、德国的"工业4.0"计划、欧盟的"2020增长战略",以及我国推出的"中国制造2025"战略。这些战略都以发展先进制造业为重点,并将机器人作为智能制造的核心发展方向。伴随机器人技术的快速发展,工业机器人已成为柔性制造系统(FMS)、工厂自动化(FA)系统、计算机集成制造系统(CIMS)等先进制造系统的关键支撑装备。

随着工业化和信息化的快速推进,我国工业机器人市场进入高速发展时期。国际机器人联合会(IFR)的统计数据显示,截至2016年,中国已成为全球最大的工业机器人市场。未来几年,中国工业机器人市场仍将保持高速增长态势。然而,现阶段我国机器人技术人才匮乏,与巨大的市场需求严重不协调。《中国制造2025》强调,要健全、完善中国制造业人才培养体系,为推动中国从制造业大国向制造业强国转变提供人才保障。从国家战略层面而言,为推进智能制造的产业化发展,工业机器人技术人才的培养刻不容缓。

目前,随着"中国制造2025"战略的全面实施和国家职业教育改革的发展,许多应用型本科院校、职业院校和技工院校纷纷开设工业机器人相关专业。但工业机器人是一门涉及知识面很广的实用型学科,就该学科而言,各院校普遍存在师资力量缺乏、配套教材资源不完善、工业机器人实训装备不系统、技能考核体系不完善等问题,导致无法培养出企业需要的专业机器人技术人才,从而严重制约了我国机器人技术的推广和智能制造业的发展。江苏哈工海渡教育科技集团有限公司依托哈尔滨工业大学在机器人方向的研究实力,顺应形势需要,将产、学、研、用相结合,组织企业专家和一线科研人员开展了一系列企业调研,面向企业需求,联合多所高校教师共同编写了"全国高职高专工业机器人专业'十三五'规划系列教材"。

该系列教材具有以下特点:

(1)循序渐进,系统性强。该系列教材涵盖了工业机器人的入门实用、技术基础、实训指导、工业机器人的编程与高级应用等内容,由浅入深,有助于学生系统地学习工业机器人技术。

（2）配套资源丰富多样。该系列教材配有相应的电子课件、视频等教学资源，并且可提供配套的工业机器人教学装备，构建了立体化的工业机器人教学体系。

（3）通俗易懂，实用性强。该系列教材言简意赅、图文并茂，既可用于应用型本科院校、职业院校和技工院校的工业机器人应用型人才培养，也可供从事工业机器人操作、编程、运行、维护与管理等工作的技术人员参考和学习。

（4）覆盖面广，应用广泛。该系列教材介绍了国内外主流品牌机器人的编程、应用等相关内容，顺应国内机器人产业人才发展需要，符合制造业人才发展规划。

"全国高职高专工业机器人专业'十三五'规划系列教材"结合实际应用，将教、学、用有机结合，有助于读者系统学习工业机器人技术和强化、提高实践能力。本系列教材的出版发行，必将提升我国工业机器人相关专业的教学效果，全面促进"中国制造2025"战略下我国工业机器人技术人才的培养和发展，大力推进我国智能制造产业变革。

中国工程院院士 蔡鹤皋

2019 年 8 月于哈尔滨工业大学

序二

自机器人出现至今短短几十年中,机器人技术的发展取得了长足进步,伴随着产业变革的兴起和全球工业竞争格局的全面重塑,机器人产业发展越来越受到世界各国的高度关注,其纷纷将发展机器人产业上升到国家战略层面,提出"以先进制造业为重点战略,以机器人为核心发展方向",并将此作为保持和重获制造业竞争优势的重要手段。

工业机器人作为目前技术发展最成熟且应用最广泛的一类机器人,已广泛应用于汽车及其零部件制造,电子、机械加工、模具生产等行业已实现自动化生产,并参与到了焊接、装配、搬运、打磨、抛光、注塑等生产制造过程之中。工业机器人的应用,既有利于保证产品质量、提高生产效率,又可避免大量工伤事故,有效推动了企业和社会生产力的发展。作为先进制造业的关键支撑装备,工业机器人影响着人类生活和经济发展的方方面面,已成为衡量一个国家科技创新和高端制造业水平的重要标志。

随着工业大国相继提出机器人产业策略,如德国的"工业 4.0"、美国的"先进制造伙伴计划"、中国的"'十三五'规划"与"中国制造 2025"等国家政策,工业机器人产业迎来了快速发展态势。随着劳动力成本上涨、人口红利逐渐消失,生产方式向柔性、智能、精细化方向转变,中国制造业进入转型升级的关键阶段。在全球新一轮科技革命和产业变革与中国制造业转型升级形成历史性交汇的这一时期,中国成为了全球最大的工业机器人市场。大力发展工业机器人产业,对于打造我国制造业新优势、推动工业转型升级、加快制造强国建设、改善人民生活水平具有深远意义。

我国工业机器人产业迎来了爆发性的发展机遇,然而,现阶段我国工业机器人领域人才储备数量严重不足,从工业机器人的基础操作维护人员到高端技术人才普遍存在巨大缺口,企业缺乏受过系统培训、能熟练安全应用工业机器人的专业人才。现代工业是立国的基础,需要有与时俱进的职业教育和人才培养配套资源。"全国高职高专工业机器人专业'十三五'规划系列教材"由江苏哈工海渡教育科技集团有限公司联合众多高校和企业共同编写完成。该系列教材依托哈尔滨工业大学的先进机器人研究技术而编写,结合企业实际用人需求,充分贯彻了现代应用型人才培养"淡化理论,技能培养,重在运用"的指导思想。该系列教材涵盖了国际主流品牌和国内主要品牌机器人的入门实用、实训指导、技术基础、高级编程等内容,注重循序渐进与系统学习,并注重强化学生的工业机器人专业技术能力和实践操作能力,既可作为工业机器人技术或机器人工程专业的教材,也可作为机电一体化、自动化专业所开设的工业机器人相关课程的教学用书。

该系列教材"立足工业,面向教育",填补了我国在工业机器人基础应用及高级应用系列教材中的空白,有助于推动我国加强对工业机器人技术人才的培养,助力"中国智造"。

中国科学院院士 韩杰才

2019 年 8 月

前　　言

机器人是先进制造业的重要支撑装备,也是未来智能制造业的关键切入点,工业机器人作为机器人家族中的重要一员,是目前技术最成熟、应用最广泛的一类机器人。工业机器人的研发和产业化能力是衡量一个国家科技创新和高端制造发展水平的重要标志。发达国家已经把发展工业机器人产业作为抢占未来制造业市场、提升竞争力的重要途径。汽车、电子电气、工程机械等众多行业已大量使用工业机器人自动化生产线,在保证产品质量的同时,改善了工作环境,提高了社会生产效率,有力推动了企业和社会生产力的发展。

当前,随着我国劳动力成本上涨、人口红利逐渐消失,生产方式向柔性化方向、智能化方向、精细化方向转变,构建新型智能制造体系迫在眉睫,对工业机器人的需求呈现大幅增长态势。大力发展工业机器人产业,对于打造我国制造业新优势,推动工业转型升级,加快制造强国建设,改善人民生活水平具有深远意义。《中国制造 2025》将机器人列入了十大重点发展领域,发展机器人产业已经上升到国家战略层面。

在全球范围内的制造产业战略转型期,我国工业机器人产业迎来了爆发性的发展机遇,然而,现阶段我国工业机器人领域人才供需失衡,缺乏经系统培训的、能熟练、安全使用和维护工业机器人的专业人才。国务院《关于推行终身职业技能培训制度的意见》指出:职业教育要适应产业转型升级需要,着力加强高技能人才培养;全面提升职业技能培训基础能力,加强职业技能培训教学资源建设和基础平台建设。因此,目前急需编写一套系统全面的工业机器人入门实用教材,以更好地推广工业机器人技术的运用,从而改变这一现状。

本书基于 RobotStudio,结合工业机器人仿真系统和江苏哈工海渡教育科技集团有限公司的工业机器人技能考核实训台标准版,遵循"由简入繁,软硬结合,循序渐进"的原则编写。本书依据初学者的学习需要科学设置知识点,结合实训台典型实例进行讲解,倡导实用性教学,有助于激发学习兴趣,提高教学效率,便于初学者在短时间内全面、系统地了解工业机器人操作。每个实训部分都对从工作站搭建到仿真及调试的过程进行了详细介绍,便于读者使用。本书中涉及的模型库文件、工作站打包文件等相关资料的下载地址为 http://v. edubotcoll. com/curvideo/A0701/download. html。

本书图文并茂,通俗易懂,具有很强的实用性和可操作性,既可作为高等院校和中高等职业院校工业机器人相关专业的教材,又可作为工业机器人培训机构用书,同时可供相关行业的技术人员参考。

机器人技术专业具有知识面广、实操性强等显著特点。为了提高教学效果,在教学方法上,建议采用启发式教学方式,引导学生进行开放性学习,重视实操演练和小组讨论;在教学过程中,建议结合本书配套的教学辅助资源,如机器人仿真软件、六轴机器人实训台、教学课件及视频素材、教学参考与拓展资料等。以上资源可通过书末所附"教学资源获取单"咨询获取。

本书由张明文主编,戴学会和王伟任副主编,参加编写的还有王璐欢和王艳。具体编写分工如下:戴学会编写第1~3章;王伟编写第4~5章;王艳编写第6~7章;王璐欢编写第8章。全书由张明文统稿,由于振中主审。

在本书编写过程中,得到了哈工大机器人集团(HRG)和上海ABB工程有限公司的有关领导、工程技术人员,以及哈尔滨工业大学相关教师的鼎力支持与帮助,在此表示衷心的感谢!

由于编者水平及时间有限,书中难免有不足之处,敬请读者批评指正。

编 者

2022 年 8 月

目　　录

第1章　离线编程软件介绍 ·· （1）

1.1　工业机器人离线编程简介 ··· （1）

1.2　RobotStudio 下载与安装 ··· （1）

1.3　RobotStudio 软件介绍 ·· （3）

第2章　RobotStudio 建模 ··· （13）

2.1　基本模型创建 ·· （13）

2.2　测量工具使用 ·· （16）

2.3　机器人工具创建 ·· （22）

第3章　基础实训仿真 ·· （37）

3.1　基础实训工作站搭建 ·· （37）

3.2　机器人系统创建 ·· （45）

3.3　坐标系创建 ·· （47）

3.4　基础路径创建 ·· （49）

3.5　仿真及调试 ·· （58）

第4章　激光雕刻实训仿真 ·· （63）

4.1　激光雕刻实训工作站搭建 ·· （63）

4.2　机器人系统创建 ·· （71）

4.3　坐标系创建 ·· （73）

4.4　激光雕刻路径创建 ·· （75）

4.5　仿真及调试 ·· （86）

第5章　焊接实训仿真 ·· （91）

5.1　焊接实训工作站搭建 ·· （91）

5.2　机器人系统创建 ·· （99）

5.3　坐标系创建 ··· （101）

5.4　焊接路径创建 ··· （104）

5.5　仿真及调试 ··· （119）

第6章　搬运实训仿真 ··· （124）

6.1　搬运实训工作站搭建 ··· （124）

6.2　机器人系统创建 ··· （133）

6.3　动态搬运工具创建 ··· （135）

1

6.4 搬运程序创建 ·· （151）

6.5 工作站逻辑设定 ·· （164）

6.6 仿真及调试 ·· （166）

第 7 章 输送带搬运实训仿真 ····································· （171）

7.1 输送带搬运实训工作站搭建 ·································· （171）

7.2 机器人系统创建 ·· （181）

7.3 动态输送带创建 ·· （183）

7.4 动态搬运工具创建 ·· （196）

7.5 搬运程序创建 ·· （214）

7.6 工作站逻辑设定 ·· （222）

7.7 仿真及调试 ·· （224）

第 8 章 在线功能 ·· （231）

8.1 使用 RobotStudio 连接机器人 ································ （231）

8.2 使用 RobotStudio 进行备份与恢复 ···························· （234）

8.3 在线编辑 RAPID 程序 ·· （238）

8.4 在线编辑 I/O 信号 ·· （245）

8.5 在线文件传送 ·· （248）

参考文献 ··· （252）

第1章 离线编程软件介绍

本章要点

- 认识离线编程技术；
- 下载与安装软件；
- 认识软件用户界面。

1.1 工业机器人离线编程简介

离线编程可以在不消耗任何实际生产资源的情况下对实际生产过程进行动态模拟,针对工业产品利用该技术可优化产品设计,通过虚拟装配避免或减少物理模型的制作,缩短开发周期,降低成本;同时通过建设数字工厂,直观地展示工厂、生产线、产品虚拟样品以及整个生产过程,为员工培训、实际生产制造和方案评估带来便捷。

工业机器人离线
编程简介

目前市场上存在多款离线编程软件,如法国 Dassault Systemes 公司的"DELMIA",以色列 Compucraft 公司的"RobotWorks",日本 FANUC 公司研究开发的"ROBOGUIDE",瑞士 ABB 公司的"RobotStudio"。本书基于 RobotStudio,从工业机器人应用实际出发,由易到难展现了工业机器人离线编程技术在多个领域的应用。

RobotStudio 是一款 PC(个人计算机)应用程序,用于机器人单元的建模、离线创建和仿真。RobotStudio 允许用户使用离线控制器,即在用户 PC 上运行本地的虚拟 IRC5 控制器。这种离线控制器也称为虚拟控制器(VC)。RobotStudio 还允许用户使用真实的物理 IRC5 控制器。当 RobotStudio 随真实控制器一起使用时,我们称它处于在线模式。在未连接到真实控制器或在连接到虚拟控制器的情况下使用时,我们称它处于离线模式。

1.2 RobotStudio 下载与安装

1.2.1 仿真软件下载

下载 RobotStudio 的过程如图 1-1、图 1-2 所示。具体步骤如下:

(1) 登陆网址 www.robotstudio.com。

(2) 单击"DOWNLOAD IT NOW"。

RobotStudio
下载与安装

（3）注册账户，下载链接会发至个人邮箱。

（4）在邮箱中点开下载链接，进行软件下载。

注意：目前官网版本已更新至 2022 版，可下载最新版本进行软件安装，本书是以 RobotStudio 6.04 版本为基础进行软件安装、相关应用介绍的。

图 1-1　网站登录

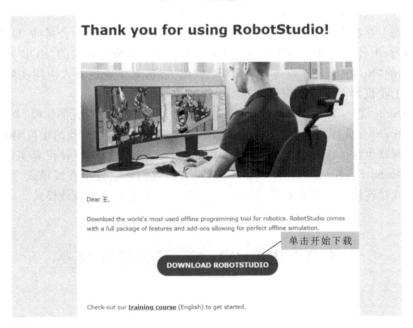

图 1-2　软件下载

1.2.2　仿真软件安装

将下载的软件压缩包（见图 1-3）解压后，打开文件夹，双击 setup.exe 安装程序图标（见

图 1-4)，按照提示安装软件。安装完成后，计算机桌面出现对应的两个快捷图标(见图 1-5)。本书是以 RobotStudio 6.04 版本为基础进行相关应用介绍的。

图 1-3　软件压缩包　　　图 1-4　安装程序图标　　　图 1-5　快捷图标

为了确保 RobotStudio 能够顺利安装，建议计算机系统配置如表 1-1 所示。

表 1-1　计算机系统配置

硬　　　件	要　　　求
CPU	主频 2.0 GHz 或以上
内存	3 GB 或以上(Windows 32 位操作系统) 8 GB 或以上(Windows 64 位操作系统)
硬盘	空闲 10 GB 以上
显卡	独立显卡
操作系统	Microsoft Windows 7 SP1 或以上

1.2.3　模型文件下载

本书基于 RobotStudio 仿真软件，结合工业机器人实训教学内容，设计了一系列仿真示例，通过对详细的仿真操作步骤的描述，引导读者由简入繁、循序渐进地学习工业机器人离线编程的知识和技巧。为了方便后续的操作练习，读者可至 http://v.edubotcoll.com/curvideo/A0701/download.html 下载本书仿真操作过程中涉及的模型文件等相关资料。其中的库文件是基于 RobotStudio 6.04.01 版本的软件设计的，操作者只能使用该版本或高于该版本的软件加载此类库文件。

关于机器人离线编程的更多资讯，可通过以下途径了解：

离线编程技术交流 QQ 群，群号为 313623823。

离线编程在线学习，网址为 www.irobot-edu.com。

离线编程线下培训，网址为 www.edubot.cn。

1.3　RobotStudio 软件介绍

1.3.1　基本软件用户界面

RobotStudio 的用户界面如图 1-6 所示，界面中间是工作站加载的 3D 模型视图，此外还有功能选项卡区、按钮区、输出窗口、运动指令设定栏等。

RobotStudio
软件介绍

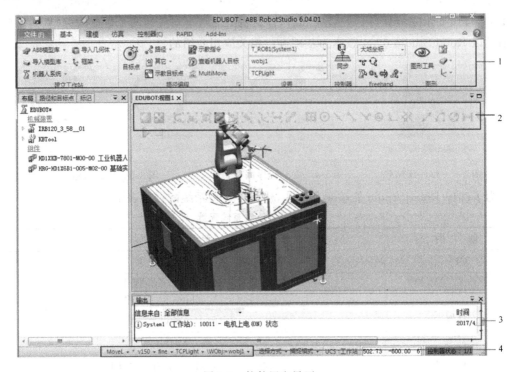

图 1-6 软件用户界面

1—功能选项卡区;2—按钮区;3—输出窗口;4—运动指令设定栏

1. 功能选项卡区

功能选项卡区有"文件"、"基本"、"建模"、"仿真"、"控制器"、"RAPID"、"Add-Ins"这七个选项卡。

1)"文件"选项卡

可以打开 RobotStudio 后台视图,其中会显示当前活动的工作站的信息,列出最近打开的工作站并提供一系列用户选项(包含创建新工作站、创建机器人系统、连接到服务器、将工作站另存为查看器等)。"文件"选项卡如图 1-7 所示。

RobotStudio 将"解决方案"定义为文件夹的总称,其中包含以下部分。

(1)工作站:作为解决方案的一部分而创建的工作站。

(2)系统:作为解决方案的一部分而创建的虚拟控制器。

(3)库:在工作站中使用的用户自定义库。

(4)解决方案文件:打开此文件会打开解决方案。

2)"基本"选项卡

利用该选项卡可构建工作站、创建系统、编辑路径和创建用于摆放物体的控件。"基本"选项卡如图 1-8 所示。

3)"建模"选项卡

利用该选项卡可以创建组件和进行组件分组、创建部件、测量,以及进行 CAD 相关操作。"建模"选项卡如图 1-9 所示。

4)"仿真"选项卡

该选项卡包括创建、配置、控制、监控和记录仿真的相关控件。"仿真"选项卡如图 1-10 所示。

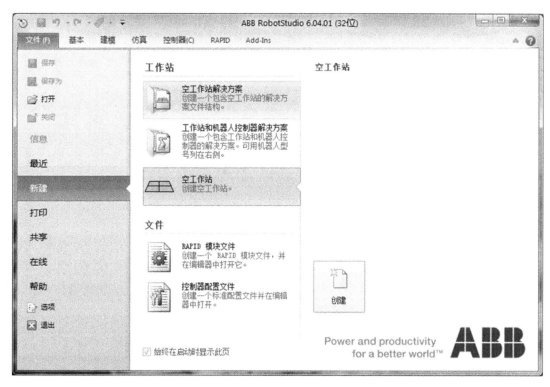

图 1-7　"文件"选项卡

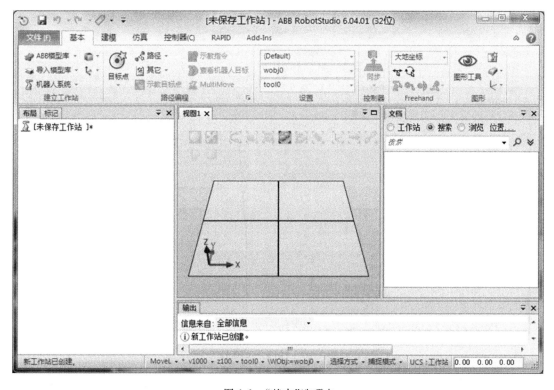

图 1-8　"基本"选项卡

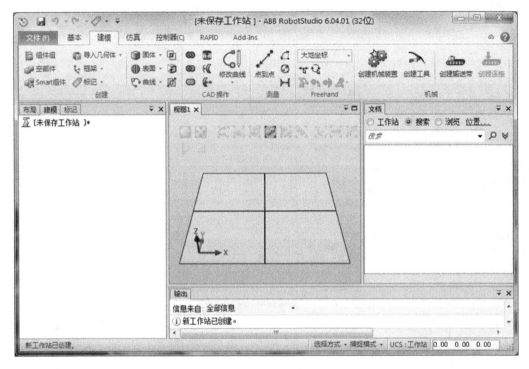

图 1-9 "建模"选项卡

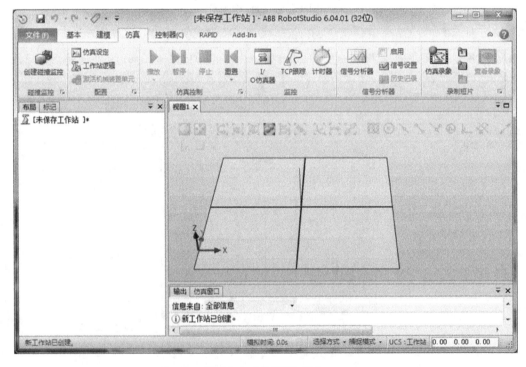

图 1-10 "仿真"选项卡

5)"控制器"选项卡

该选项卡包含用于管理真实控制器的控制措施,以及用于虚拟控制器的同步、配置和分配给它的任务的控制措施。"控制器"选项卡如图 1-11 所示。

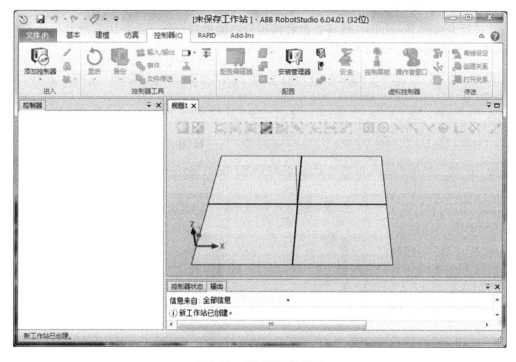

图 1-11　"控制器"选项卡

6）"RAPID"选项卡

该选项卡提供了用于创建、编辑和管理 RAPID 程序的工具和功能。用户可以利用该选项卡管理真实控制器上的在线 RAPID 程序、虚拟控制器的离线 RAPID 程序和不属于某个系统的单机程序。"RAPID"选项卡如图 1-12 所示。

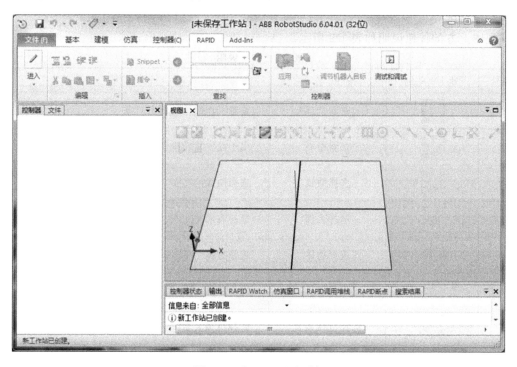

图 1-12　"RAPID"选项卡

7)"Add-Ins"选项卡

该选项卡包含 PowerPac、迁移备份和齿轮箱热量预测控件。插件浏览器显示已安装的 PowerPac、常规插件。"Add-Ins"选项卡如图 1-13 所示。

图 1-13 "Add-Ins"选项卡

2. 按钮区

视图上方的按钮说明如表 1-2 所示。

表 1-2 按钮说明

序号	图片示例	按钮名称	说 明
1		查看全部	查看工作组中的所有对象
2		查看中心	用于设置旋转视图的中心点
3		选择曲线	选择曲线
4		选择表面	选择表面
5		选择物体	选择物体
6		选择部件	选择部件
7		选择机械装置	选择机械装置

序　号	图 片 示 例	按 钮 名 称	说　　　明
8		选择组	选择组
9		选择目标点/框架	选择目标点或框架
10		移动指令选择	移动指令级别的选择
11		路径选择	选择路径
12	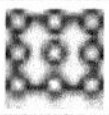	捕捉对象	捕捉中心、中点和末端
13		捕捉中心	捕捉中心点
14		捕捉中点	捕捉中点
15		捕捉末端	捕捉末端或角位
16		捕捉边缘	捕捉边缘点
17		捕捉重心	捕捉重心
18		捕捉本地原点	捕捉对象的本地原点
19		捕捉网格	捕捉 UCS 的网格点
20		点到点	测量两点距离
21		角度	测量两直线的相交角度
22		直径	测量圆的直径
23		最短距离	测量在视图中两个对象的直线距离
24		保持测量	对之前的测量结果进行保存
25		播放	用于启动仿真。此操作将执行在仿真设置中所配置的所有 RAPID 程序
26		停止	停止仿真和复位

3. 输出窗口

输出窗口显示工作站内出现的事件的相关信息,例如启动或停止仿真的时间。输出窗口中的信息对排除工作站故障很有用。

4. 运动指令设定栏

运动指令设定栏可用于设定运动指令中的运动模式、速度、坐标系等参数。

1.3.2　常用操作介绍

1. 基本操作

模型被导入后,经常需要进行视角变换以及平移等操作,具体说明见表 1-3。

表 1-3　基本操作

基本操作	图　标	使用键盘/鼠标组合	描　　述
选择项目			只需单击要选择的项目即可。要选择多个项目,需在按 Ctrl 键的同时单击新项目
旋转工作站		Ctrl 键＋Shift 键＋	按 Ctrl 键＋Shift 键＋鼠标左键的同时,拖动鼠标对工作站进行旋转;或同时按中间滚轮和右键(或左键)进行旋转
平移工作站		Ctrl＋	按 Ctrl 键＋鼠标左键的同时,拖动鼠标对工作站进行平移
缩放工作站		Ctrl＋	按 Ctrl 键＋鼠标右键的同时,将鼠标拖至左侧可以缩小,拖至右侧可以放大;或在按住中间滚轮的同时,拖动鼠标对工作站进行缩放
局部缩放		Shift＋	按 Shift 键＋鼠标右键的同时,拖动鼠标框选要放大的局部区域

2.恢复默认界面

操作 RobotStudio 时,经常会遇到操作窗口被意外关闭,从而无法找到对应的控件和信息的情况。用户可以进行以下操作,恢复默认界面。

(1)单击图 1-14 所示的下拉按钮,打开下拉菜单。

图 1-14　恢复默认布局

(2)在下拉菜单中选择【默认布局】,便可恢复窗口的布局。

3.取消虚拟地板显示

在软件操作过程中,为了方便观察和捕捉对象,用户可以取消虚拟地板显示,具体操作步骤见表 1-4。

表 1-4　取消虚拟地板显示操作步骤

序号	图 片 示 例	操 作 步 骤
1	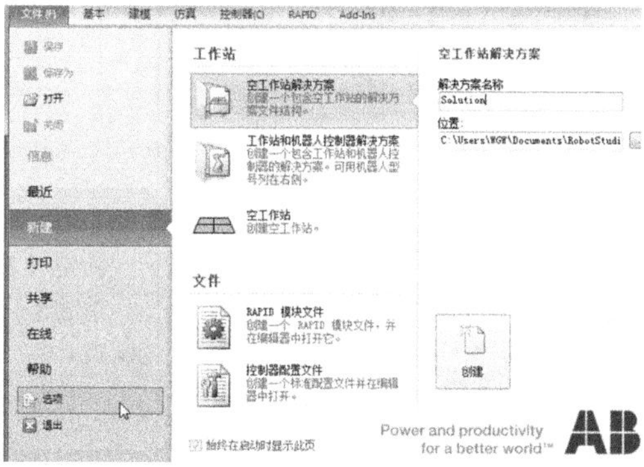	显示选项： 选择"文件"选项卡，单击【选项】。
2	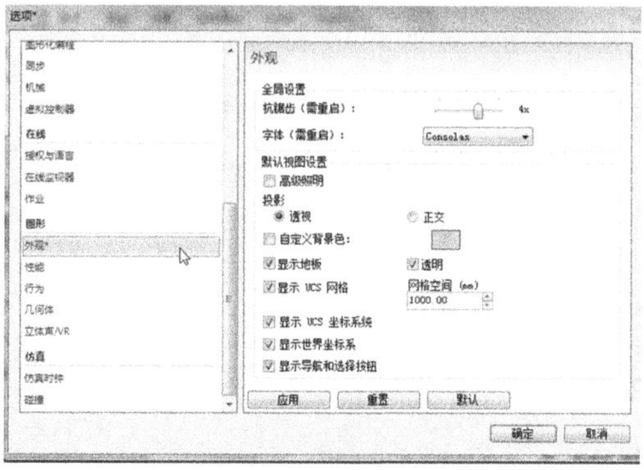	打开"外观"窗口： 单击"图形"选项下的【外观】子选项，打开"外观"窗口。
3		取消显示地板： 使【显示地板】处于取消勾选状态，取消显示地板。
4		应用设置： 单击【应用】按钮，应用设置。

序号	图 片 示 例	操作步骤
5		确定设置： 单击【确定】按钮，确定设置。
6		重启： 单击【是（Y）】按钮，重启软件。

思考与练习

1. 简述离线编程的优点。

2. 仿真软件有哪些主要的功能选项卡？

3. 简述在仿真软件视图窗口如何改变观察视角。

4. 在离线编程过程中可以在哪个窗口查看事件信息？

5. 若不慎将仿真软件界面中的部分窗口关闭，该如何恢复？

第2章 RobotStudio 建模

本章要点
- 创建基础 3D 模型；
- 使用测量工具；
- 创建工具并进行设置。

本章介绍 RobotStudio 部分建模功能，包括创建基本模型、使用测量工具、创建机器人工具。通过对本章的学习，用户可以掌握创建基本模型和使用测量工具的方法，并且能够处理一般的机械模型和创建机器人工具。

2.1 基本模型创建

在 RobotStudio 中可以进行矩形体、圆柱体等基本模型的创建。

本节通过创建两个基本的 3D 模型，让用户对 RobotStudio 建模有一个初步的认识，为用户创建其他模型打下基础。

基本模型创建

2.1.1 矩形体创建

使用 RobotStudio 创建矩形体的具体操作步骤见表 2-1。

表 2-1 矩形体创建操作步骤

步骤序号	图 片 示 例	操 作 步 骤
1		新建空工作站： 选择"文件"选项卡，单击【新建】→【空工作站】→【创建】，新建空工作站。

13

续表

步骤序号	图 片 示 例	操 作 步 骤
2	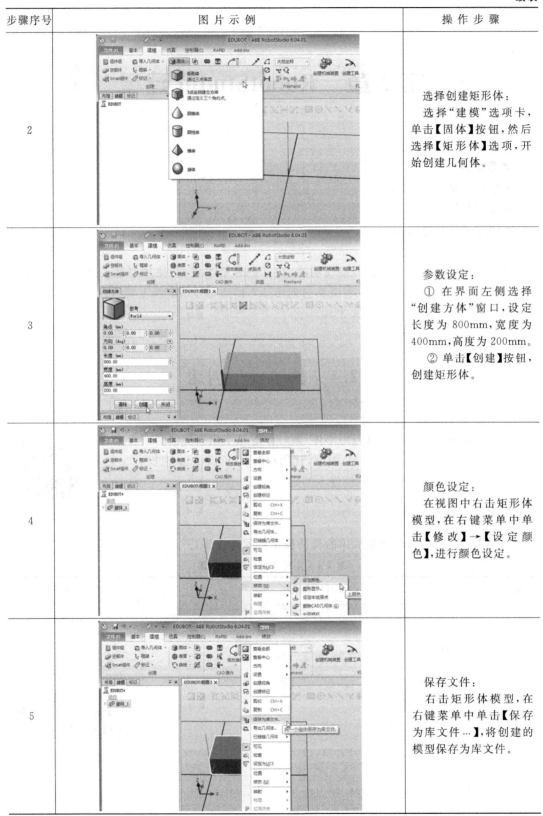	选择创建矩形体: 　　选择"建模"选项卡,单击【固体】按钮,然后选择【矩形体】选项,开始创建几何体。
3		参数设定: 　① 在界面左侧选择"创建方体"窗口,设定长度为 800mm,宽度为400mm,高度为 200mm。 　② 单击【创建】按钮,创建矩形体。
4		颜色设定: 　　在视图中右击矩形体模型,在右键菜单中单击【修改】→【设定颜色】,进行颜色设定。
5		保存文件: 　　右击矩形体模型,在右键菜单中单击【保存为库文件…】,将创建的模型保存为库文件。

2.1.2　圆柱体创建

使用 RobotStudio 创建圆柱体的具体操作步骤见表 2-2。

表 2-2　圆柱体创建操作步骤

序号	图 片 示 例	操 作 步 骤
1	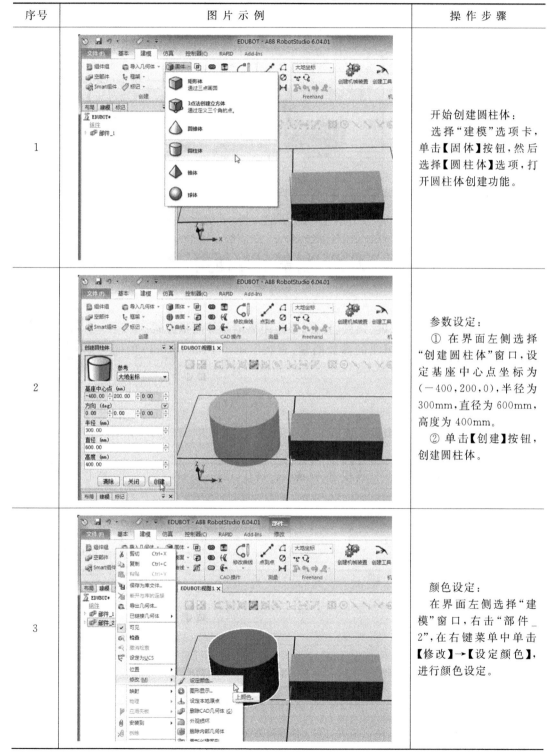	开始创建圆柱体： 选择"建模"选项卡，单击【固体】按钮，然后选择【圆柱体】选项，打开圆柱体创建功能。
2		参数设定： ① 在界面左侧选择"创建圆柱体"窗口，设定基座中心点坐标为（−400，200，0），半径为 300mm，直径为 600mm，高度为 400mm。 ② 单击【创建】按钮，创建圆柱体。
3		颜色设定： 在界面左侧选择"建模"窗口，右击"部件_2"，在右键菜单中单击【修改】→【设定颜色】，进行颜色设定。

序号	图片示例	操作步骤
4	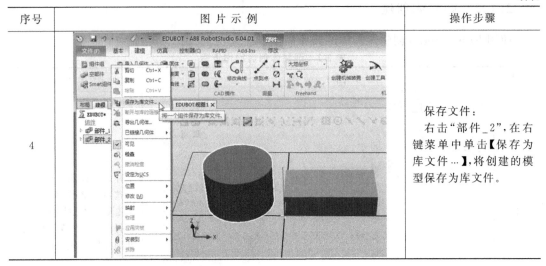	保存文件： 　　右击"部件_2"，在右键菜单中单击【保存为库文件…】，将创建的模型保存为库文件。

2.2　测量工具使用

RobotStudio 提供了长度、角度、直径、最短距离测量等测量方式。

本节通过对基础实训模块的参数测量，直观展示了 RobotStudio 的四种测量方式。

测量工具使用

2.2.1　长度测量

长度测量的具体操作步骤见表 2-3。

表 2-3　长度测量操作步骤

序号	图片示例	操作步骤
1		导入实训模块： 　　选择"基本"选项卡，单击【导入模型库】按钮，然后选择【浏览库文件】选项，在弹出的浏览窗口中选中并打开"MA01 基础模块.rslib"①，导入实训模块。

　　①　本书中涉及的模型库文件、工作站打包文件等相关资料下载地址：http://v. edubotcoll. com/curvideo/A0701/download. html.

续表

序号	图 片 示 例	操 作 步 骤
2	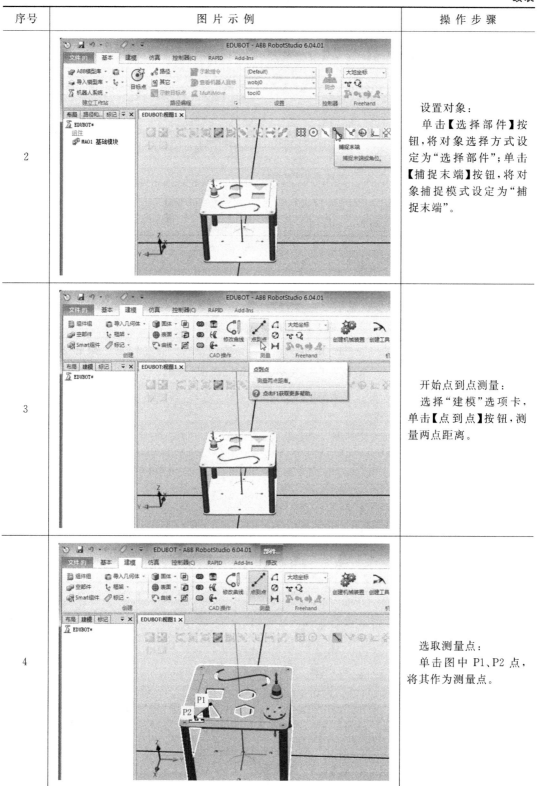	设置对象： 单击【选择部件】按钮，将对象选择方式设定为"选择部件"；单击【捕捉末端】按钮，将对象捕捉模式设定为"捕捉末端"。
3		开始点到点测量： 选择"建模"选项卡，单击【点到点】按钮，测量两点距离。
4		选取测量点： 单击图中 P1、P2 点，将其作为测量点。

序号	图 片 示 例	操作步骤
5	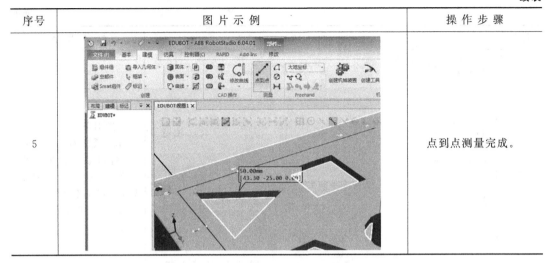	点到点测量完成。

2.2.2　角度测量

角度测量的具体操作步骤见表2-4。

表 2-4　角度测量操作步骤

序号	图 片 示 例	操作步骤
1	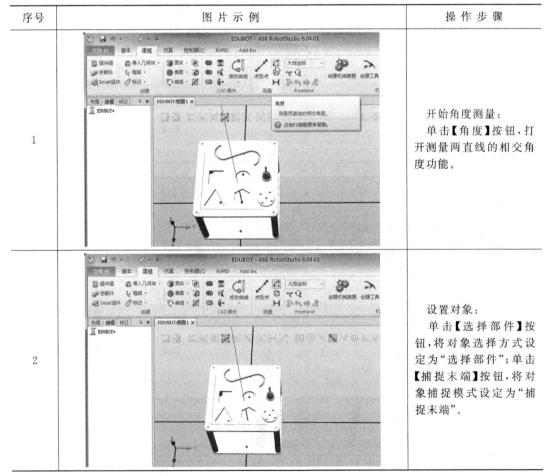	开始角度测量： 　单击【角度】按钮，打开测量两直线的相交角度功能。
2		设置对象： 　单击【选择部件】按钮，将对象选择方式设定为"选择部件"；单击【捕捉末端】按钮，将对象捕捉模式设定为"捕捉末端"。

续表

序号	图 片 示 例	操 作 步 骤
3	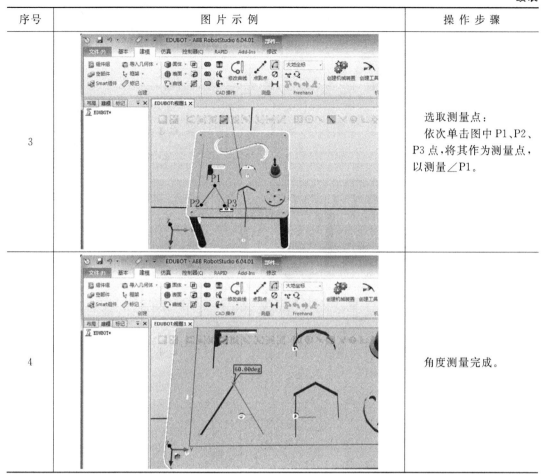	选取测量点： 依次单击图中 P1、P2、P3 点，将其作为测量点，以测量∠P1。
4		角度测量完成。

2.2.3　直径测量

直径测量的具体操作步骤见表 2-5。

表 2-5　直径测量操作步骤

序号	图 片 示 例	操 作 步 骤
1		开始直径测量： 单击【直径】按钮，打开测量圆的直径的功能。

序号	图片示例	操作步骤
2	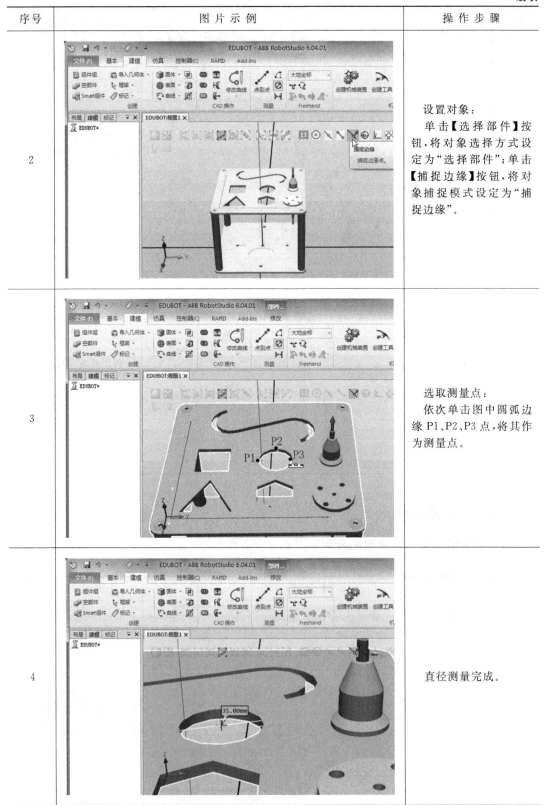	设置对象: 　单击【选择部件】按钮,将对象选择方式设定为"选择部件";单击【捕捉边缘】按钮,将对象捕捉模式设定为"捕捉边缘"。
3		选取测量点: 　依次单击图中圆弧边缘 P1、P2、P3 点,将其作为测量点。
4		直径测量完成。

2.2.4 最短距离测量

最短距离测量的具体操作步骤见表 2-6。

表 2-6 最短距离测量操作步骤

序号	图 片 示 例	操 作 步 骤
1	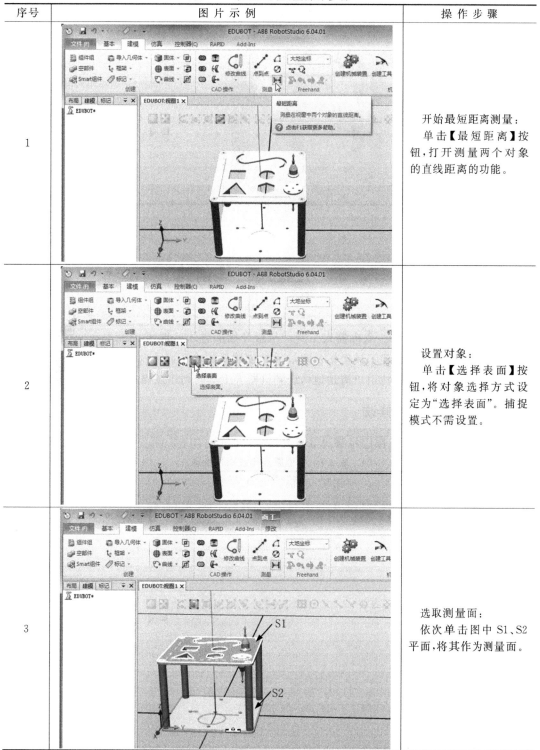	开始最短距离测量： 单击【最短距离】按钮，打开测量两个对象的直线距离的功能。
2		设置对象： 单击【选择表面】按钮，将对象选择方式设定为"选择表面"。捕捉模式不需设置。
3		选取测量面： 依次单击图中 S1、S2 平面，将其作为测量面。

序号	图 片 示 例	操 作 步 骤
4	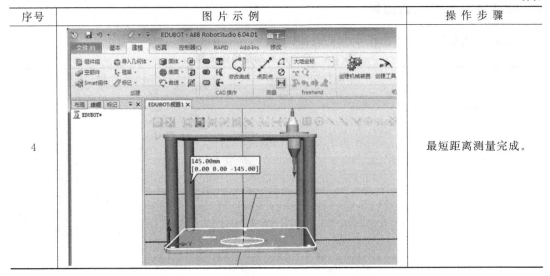	最短距离测量完成。

2.3　机器人工具创建

本节介绍了如何创建一个机器人工具。从最开始的导入一般机械模型到修改原点、调整位置、创建工具坐标系和最后的创建机器人工具库文件，一步一步介绍，循序渐进，以让用户清楚地认识到机器人工具的创建过程。

机器人工具创建

2.3.1　模型原点修改

修改模型原点的具体操作步骤见表 2-7。

表 2-7　模型原点修改操作步骤

序号	图 片 示 例	操 作 步 骤
1	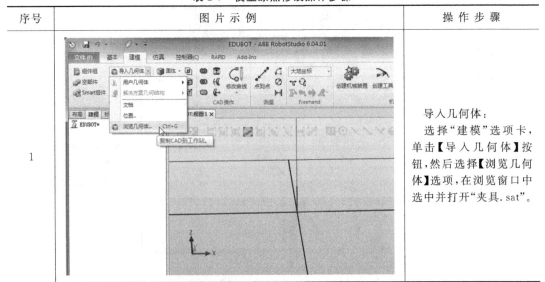	导入几何体： 选择"建模"选项卡，单击【导入几何体】按钮，然后选择【浏览几何体】选项，在浏览窗口中选中并打开"夹具.sat"。

序号	图 片 示 例	操 作 步 骤
2	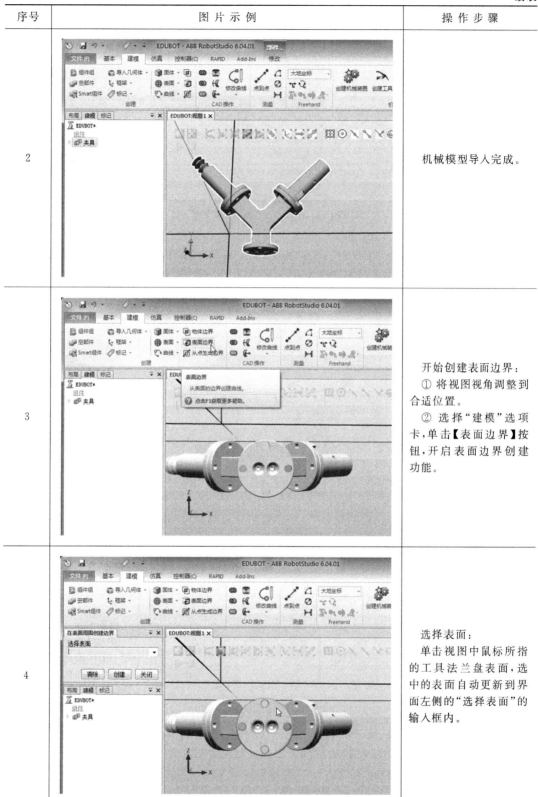	机械模型导入完成。
3		开始创建表面边界： ① 将视图视角调整到合适位置。 ② 选择"建模"选项卡，单击【表面边界】按钮，开启表面边界创建功能。
4		选择表面： 单击视图中鼠标所指的工具法兰盘表面，选中的表面自动更新到界面左侧的"选择表面"的输入框内。

序号	图 片 示 例	操 作 步 骤
5	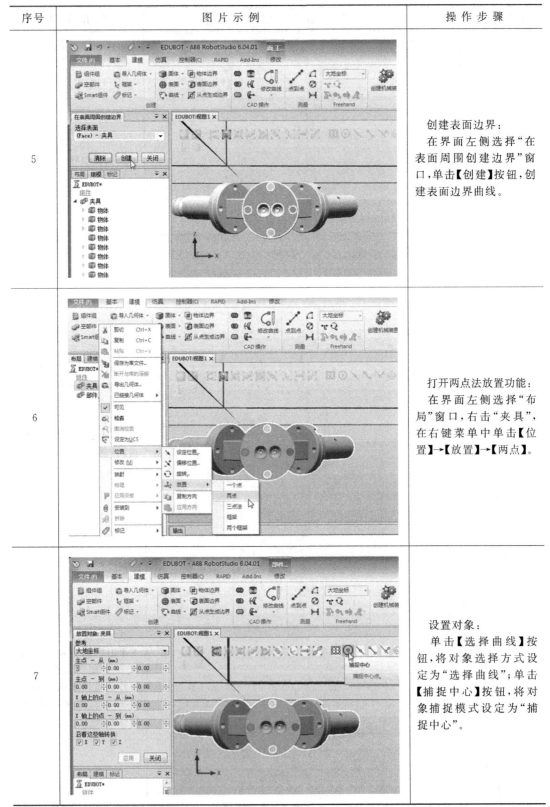	创建表面边界: 在界面左侧选择"在表面周围创建边界"窗口,单击【创建】按钮,创建表面边界曲线。
6		打开两点法放置功能: 在界面左侧选择"布局"窗口,右击"夹具",在右键菜单中单击【位置】→【放置】→【两点】。
7		设置对象: 单击【选择曲线】按钮,将对象选择方式设定为"选择曲线";单击【捕捉中心】按钮,将对象捕捉模式设定为"捕捉中心"。

续表

序号	图 片 示 例	操 作 步 骤
8	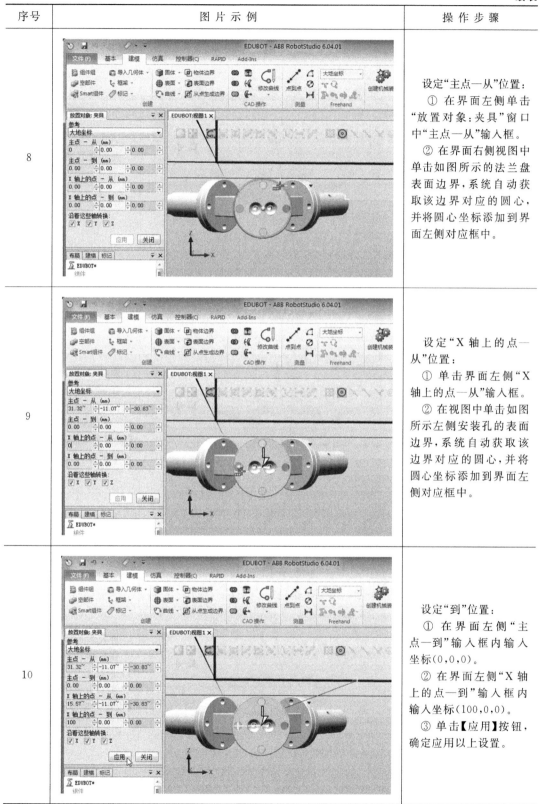	设定"主点—从"位置： ① 在界面左侧单击"放置对象：夹具"窗口中"主点—从"输入框。 ② 在界面右侧视图中单击如图所示的法兰盘表面边界，系统自动获取该边界对应的圆心，并将圆心坐标添加到界面左侧对应框中。
9		设定"X 轴上的点—从"位置： ① 单击界面左侧"X轴上的点—从"输入框。 ② 在视图中单击如图所示左侧安装孔的表面边界，系统自动获取该边界对应的圆心，并将圆心坐标添加到界面左侧对应框中。
10		设定"到"位置： ① 在界面左侧"主点—到"输入框内输入坐标(0,0,0)。 ② 在界面左侧"X轴上的点—到"输入框内输入坐标(100,0,0)。 ③ 单击【应用】按钮，确定应用以上设置。

序号	图 片 示 例	操 作 步 骤
11	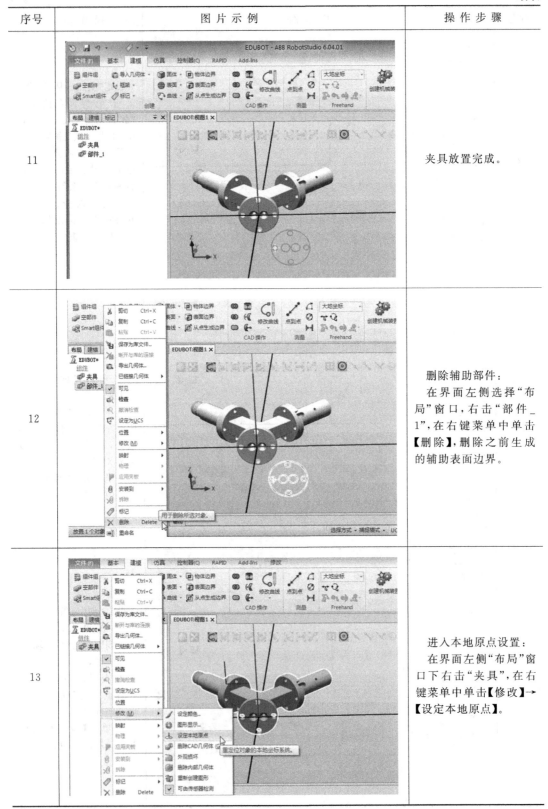	夹具放置完成。
12		删除辅助部件: 在界面左侧选择"布局"窗口,右击"部件_1",在右键菜单中单击【删除】,删除之前生成的辅助表面边界。
13		进入本地原点设置: 在界面左侧"布局"窗口下右击"夹具",在右键菜单中单击【修改】→【设定本地原点】。

序号	图片示例	操作步骤
14	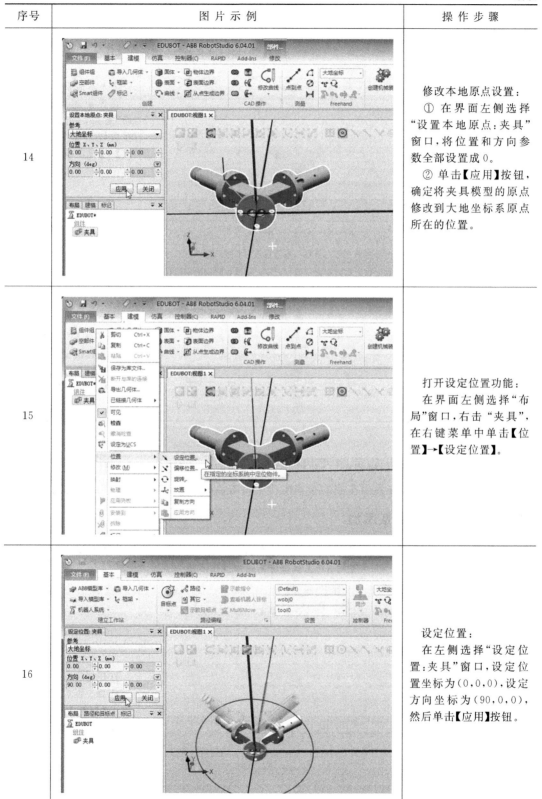	修改本地原点设置： ① 在界面左侧选择"设置本地原点：夹具"窗口，将位置和方向参数全部设置成 0。 ② 单击【应用】按钮，确定将夹具模型的原点修改到大地坐标系原点所在的位置。
15		打开设定位置功能： 在界面左侧选择"布局"窗口，右击"夹具"，在右键菜单中单击【位置】→【设定位置】。
16		设定位置： 在左侧选择"设定位置：夹具"窗口，设定位置坐标为(0,0,0)，设定方向坐标为(90,0,0)，然后单击【应用】按钮。

续表

序号	图 片 示 例	操 作 步 骤
17	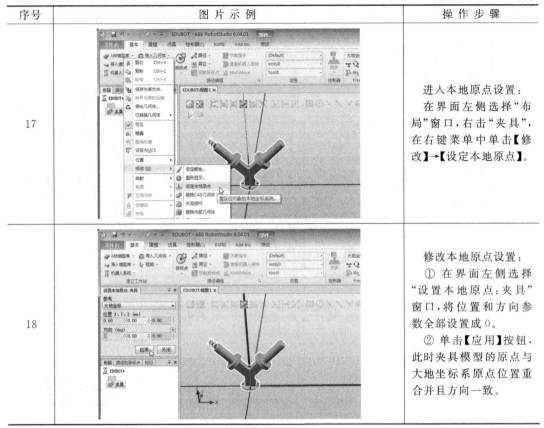	进入本地原点设置: 在界面左侧选择"布局"窗口,右击"夹具",在右键菜单中单击【修改】→【设定本地原点】。
18		修改本地原点设置: ① 在界面左侧选择"设置本地原点:夹具"窗口,将位置和方向参数全部设置成0。 ② 单击【应用】按钮,此时夹具模型的原点与大地坐标系原点位置重合并且方向一致。

说明:

本小节介绍的是普通机械模型(.sat 格式)原点的修改。若要修改库文件(.rslib),则需要在步骤 1 导入几何体后,在界面左侧的布局窗口中右击该库文件,选择【断开与库的连接】。

2.3.2 工具坐标系添加

添加工具坐标系(在 RobotStudio 中,坐标系即"框架")的具体操作步骤见表 2-8。

表 2-8 工具坐标系添加操作步骤

序号	图 片 示 例	操 作 步 骤
1		打开创建框架功能: 选择"基本"选项卡,单击【框架】按钮,然后选择【创建框架】选项。

续表

序号	图 片 示 例	操 作 步 骤
2	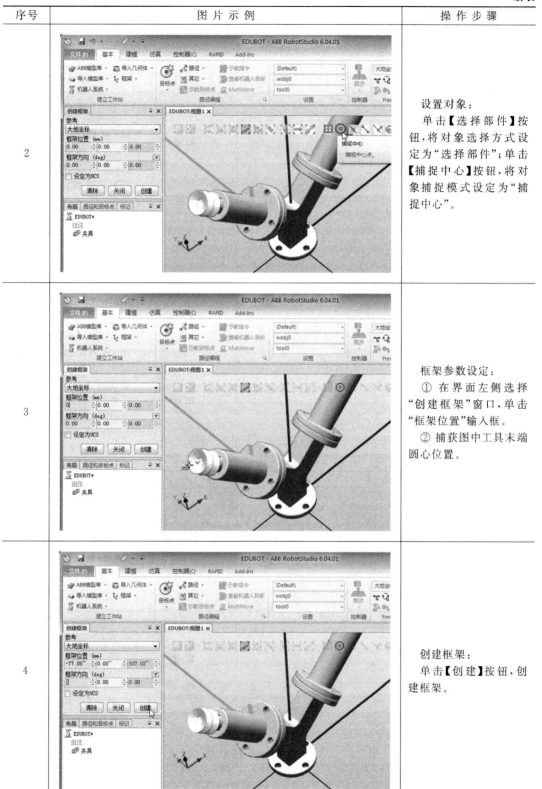	设置对象： 　单击【选择部件】按钮，将对象选择方式设定为"选择部件"；单击【捕捉中心】按钮，将对象捕捉模式设定为"捕捉中心"。
3		框架参数设定： 　① 在界面左侧选择"创建框架"窗口，单击"框架位置"输入框。 　② 捕获图中工具末端圆心位置。
4		创建框架： 　单击【创建】按钮，创建框架。

序号	图 片 示 例	操 作 步 骤
5	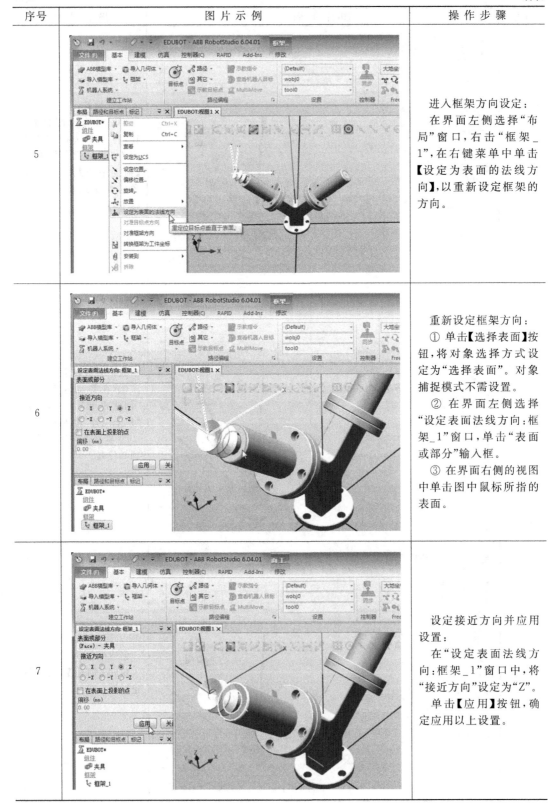	进入框架方向设定： 　　在界面左侧选择"布局"窗口，右击"框架_1"，在右键菜单中单击【设定为表面的法线方向】，以重新设定框架的方向。
6		重新设定框架方向： 　①　单击【选择表面】按钮，将对象选择方式设定为"选择表面"。对象捕捉模式不需设置。 　②　在界面左侧选择"设定表面法线方向：框架_1"窗口，单击"表面或部分"输入框。 　③　在界面右侧的视图中单击图中鼠标所指的表面。
7		设定接近方向并应用设置： 　　在"设定表面法线方向：框架_1"窗口中，将"接近方向"设定为"Z"。 　　单击【应用】按钮，确定应用以上设置。

续表

序号	图 片 示 例	操 作 步 骤
8	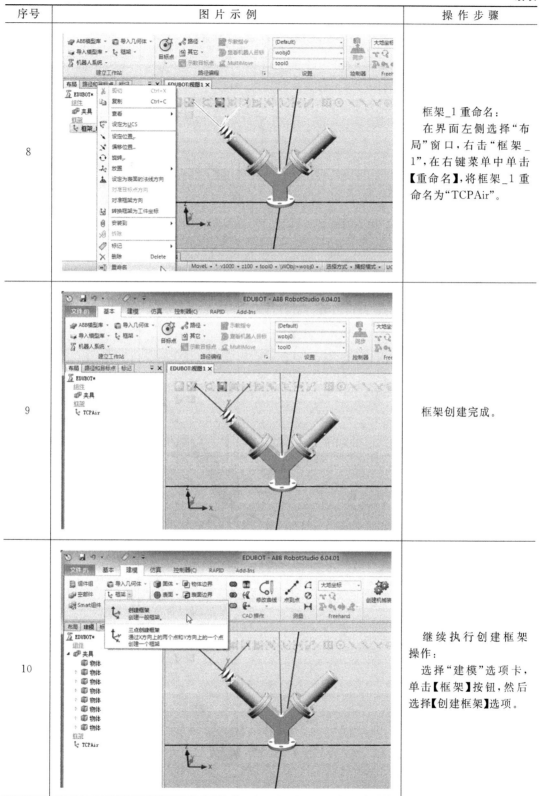	框架_1 重命名： 　　在界面左侧选择"布局"窗口，右击"框架_1"，在右键菜单中单击【重命名】，将框架_1 重命名为"TCPAir"。
9		框架创建完成。
10		继续执行创建框架操作： 　　选择"建模"选项卡，单击【框架】按钮，然后选择【创建框架】选项。

序号	图 片 示 例	操 作 步 骤
11	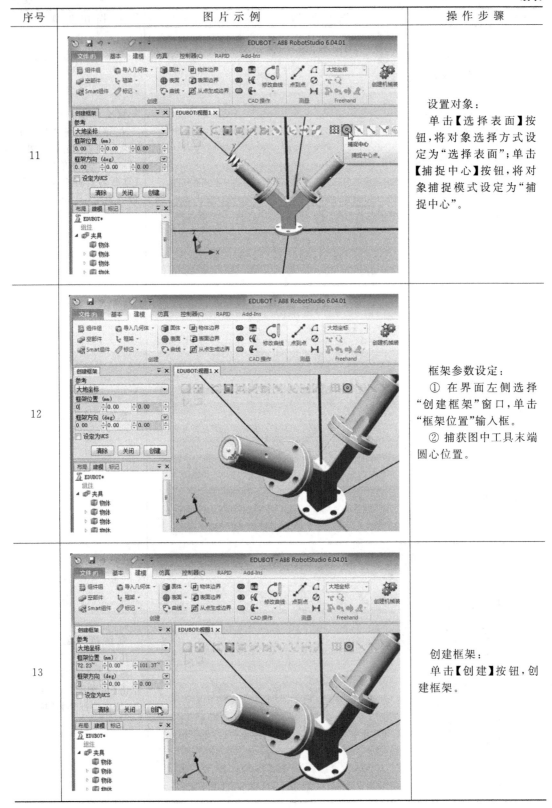	设置对象： 　单击【选择表面】按钮，将对象选择方式设定为"选择表面"；单击【捕捉中心】按钮，将对象捕捉模式设定为"捕捉中心"。
12		框架参数设定： 　① 在界面左侧选择"创建框架"窗口，单击"框架位置"输入框。 　② 捕获图中工具末端圆心位置。
13		创建框架： 　单击【创建】按钮，创建框架。

续表

序号	图 片 示 例	操 作 步 骤
14	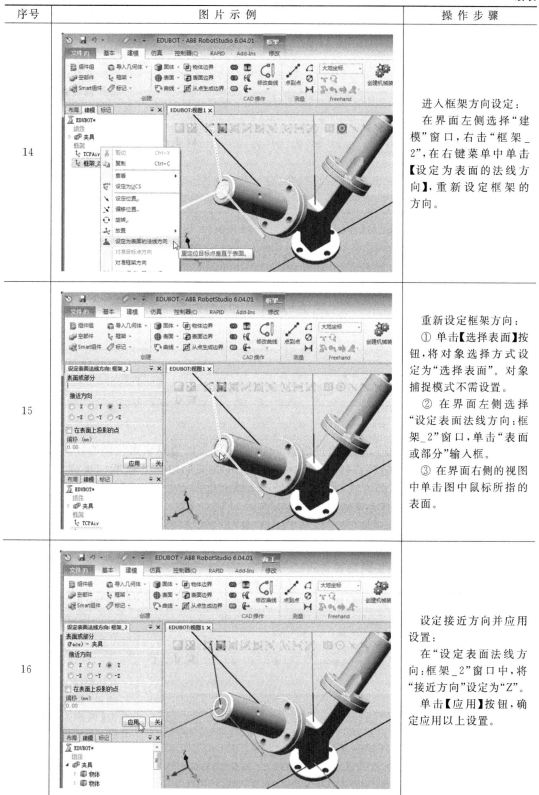	进入框架方向设定： 在界面左侧选择"建模"窗口，右击"框架_2"，在右键菜单中单击【设定为表面的法线方向】，重新设定框架的方向。
15		重新设定框架方向： ① 单击【选择表面】按钮，将对象选择方式设定为"选择表面"。对象捕捉模式不需设置。 ② 在界面左侧选择"设定表面法线方向：框架_2"窗口，单击"表面或部分"输入框。 ③ 在界面右侧的视图中单击图中鼠标所指的表面。
16		设定接近方向并应用设置： 在"设定表面法线方向：框架_2"窗口中，将"接近方向"设定为"Z"。 单击【应用】按钮，确定应用以上设置。

续表

序号	图片示例	操作步骤
17	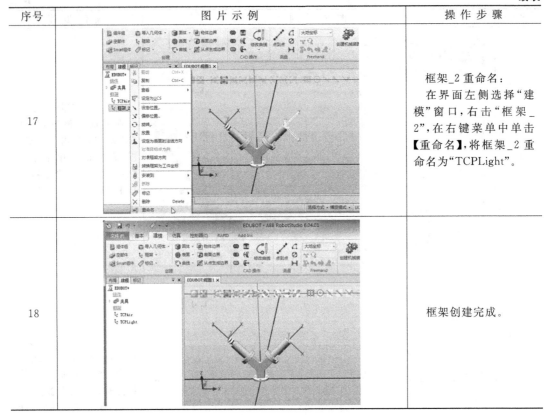	框架_2重命名： 在界面左侧选择"建模"窗口，右击"框架_2"，在右键菜单中单击【重命名】，将框架_2重命名为"TCPLight"。
18		框架创建完成。

说明：

为了捕捉模型底面圆心，我们通过步骤3～9创建了表面边界来定位圆心。其实对于此模型，激活"捕捉中心"功能后直接将光标移至模型底面圆形边界处就能捕捉到底面圆心。之所以介绍这"多此一举"的方法，是为了方便读者掌握这一方法，使读者在今后遇到轮廓复杂的模型时，能够利用表面边界辅助定位目标点。

2.3.3 工具创建

创建工具的具体操作步骤见表2-9。

表 2-9 工具创建操作步骤

序号	图片示例	操作步骤
1		开始创建工具： 选择"建模"选项卡，单击【创建工具】按钮，开启工具创建功能。

续表

序号	图 片 示 例	操 作 步 骤
2	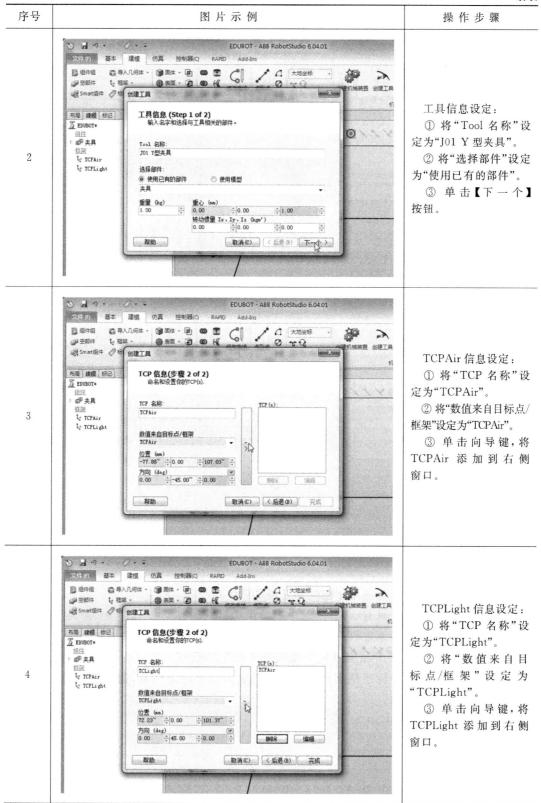	工具信息设定： ① 将"Tool 名称"设定为"J01 Y 型夹具"。 ② 将"选择部件"设定为"使用已有的部件"。 ③ 单击【下一个】按钮。
3		TCPAir 信息设定： ① 将"TCP 名称"设定为"TCPAir"。 ② 将"数值来自目标点/框架"设定为"TCPAir"。 ③ 单击向导键，将TCPAir 添加到右侧窗口。
4		TCPLight 信息设定： ① 将"TCP 名称"设定为"TCPLight"。 ② 将"数值来自目标点/框架"设定为"TCPLight"。 ③ 单击向导键，将TCPLight 添加到右侧窗口。

续表

序号	图 片 示 例	操 作 步 骤
5	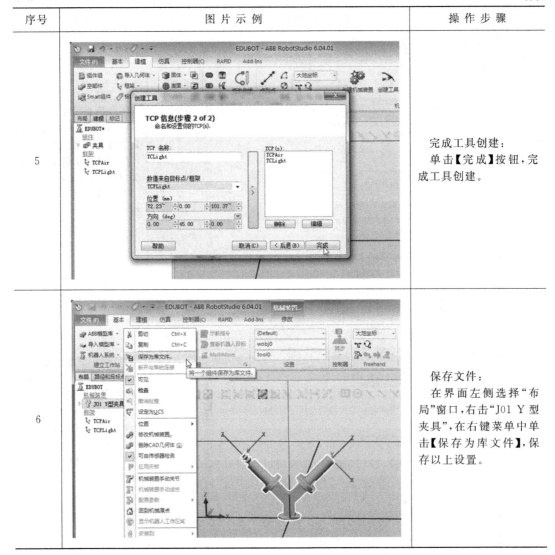	完成工具创建： 单击【完成】按钮，完成工具创建。
6		保存文件： 在界面左侧选择"布局"窗口，右击"J01 Y 型夹具"，在右键菜单中单击【保存为库文件】，保存以上设置。

思考与练习

1. 仿真软件建模功能可以用于创建哪几种几何体？

2. 仿真软件的测量工具有哪几种？

3. 如何修改库文件的本地原点？

4. 利用测量工具测量 Y 型夹具模型底部安装孔的直径。

5. 本章创建的工具坐标系是垂直于工具末端表面向外的坐标系，请创建垂直于工具末端表面向内的工具坐标系。

第 3 章　基础实训仿真

本章要点
- 加载工业机器人及周边模型；
- 创建系统；
- 创建坐标系；
- 手动操作机器人；
- 示教指令；
- 仿真演示；
- 录制视频和制作可执行文件；
- 文件共享。

　　本章介绍基础实训仿真，任务是示教一段简单的运动轨迹并进行仿真演示。要完成本实训仿真，需要进行基础实训工作站搭建、机器人系统创建、坐标系创建、基础路径创建、仿真及调试这五个部分的操作。通过本章的学习，用户可以掌握模型的导入和安装、机器人系统创建、坐标系的创建、简单路径的示教、仿真及调试等操作的技巧。

3.1　基础实训工作站搭建

　　要完成仿真任务，用户首先需要将涉及的机械模型加载到工作站中，基础实训工作站的搭建包括以下内容：

基础实训工作站
搭建

（1）实训台安装；
（2）机器人安装；
（3）工具安装；
（4）基础实训模块安装。

3.1.1　实训台安装

　　本章所涉及的机器人和实训模块都要安装到"HD1XKB 工业机器人技能考核实训台"上，因此需要先安装实训台。安装基础实训台的具体操作步骤见表 3-1。

表 3-1 基础实训台安装操作步骤

序号	图 片 示 例	操 作 步 骤
1	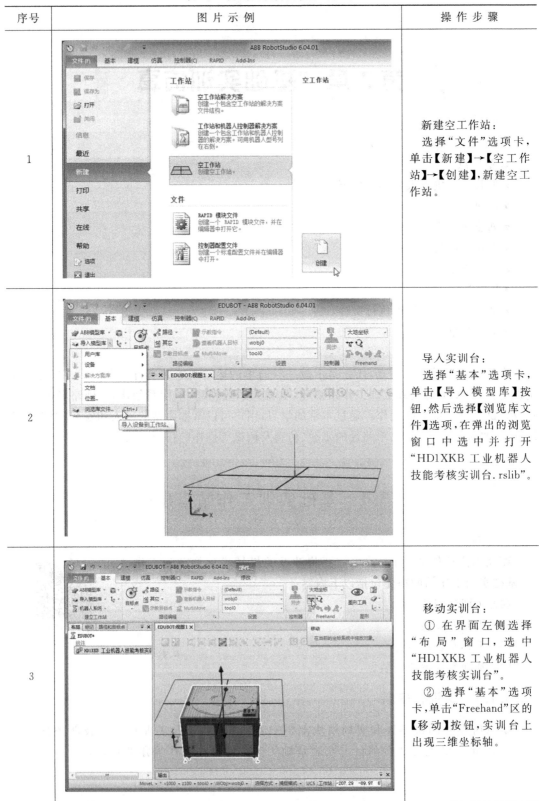	新建空工作站: 选择"文件"选项卡,单击【新建】→【空工作站】→【创建】,新建空工作站。
2		导入实训台: 选择"基本"选项卡,单击【导入模型库】按钮,然后选择【浏览库文件】选项,在弹出的浏览窗口中选中并打开"HD1XKB 工业机器人技能考核实训台.rslib"。
3		移动实训台: ① 在界面左侧选择"布局"窗口,选中"HD1XKB 工业机器人技能考核实训台"。 ② 选择"基本"选项卡,单击"Freehand"区的【移动】按钮,实训台上出现三维坐标轴。

续表

序号	图 片 示 例	操 作 步 骤
4	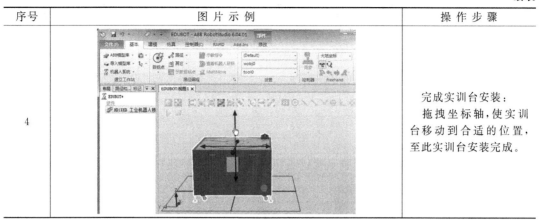	完成实训台安装： 拖拽坐标轴，使实训台移动到合适的位置，至此实训台安装完成。

说明：

实训台放置位置可以是任意的。在本书中，实训台放置后，其原点在大地坐标系中的位置是(0,0,812)，也可直接在布局中右击模型，单击位置，根据其原点在大地坐标系中的位置坐标进行设定。

3.1.2 机器人安装

在不同的虚拟仿真任务中，用户需要根据任务要求和作业环境，选择合适的机器人。本章选择的是 IRB 120 机器人。在基础实训仿真中安装 IRB 120 机器人的具体操作步骤见表 3-2。

表 3-2 基础实训仿真机器人安装操作步骤

序号	图 片 示 例	操 作 步 骤
1	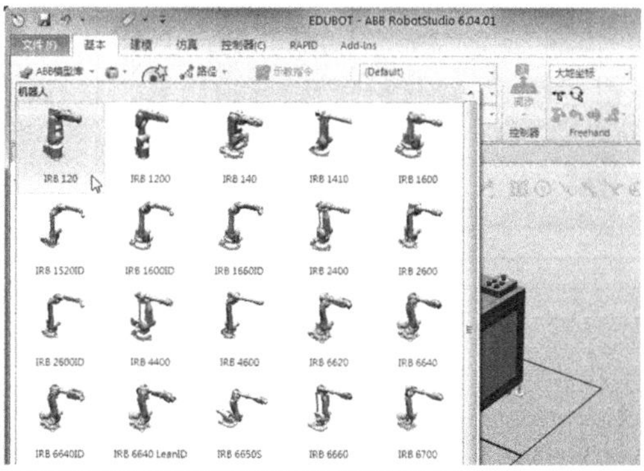	选择机器人： ① 选择"基本"选项卡，单击【ABB 模型库】按钮。 ② 在打开的窗口中选择"IRB 120"。
2	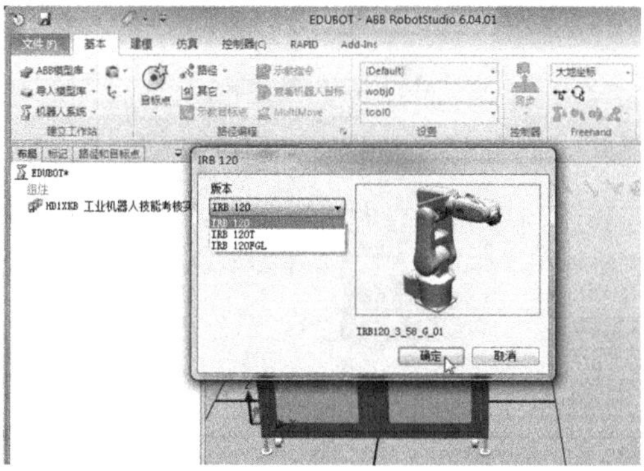	选择机器人版本： ① 在弹出的"IRB 120"对话框中，选择版本"IRB 120"。 ② 单击【确定】按钮，进入下一步。

序号	图 片 示 例	操 作 步 骤
3	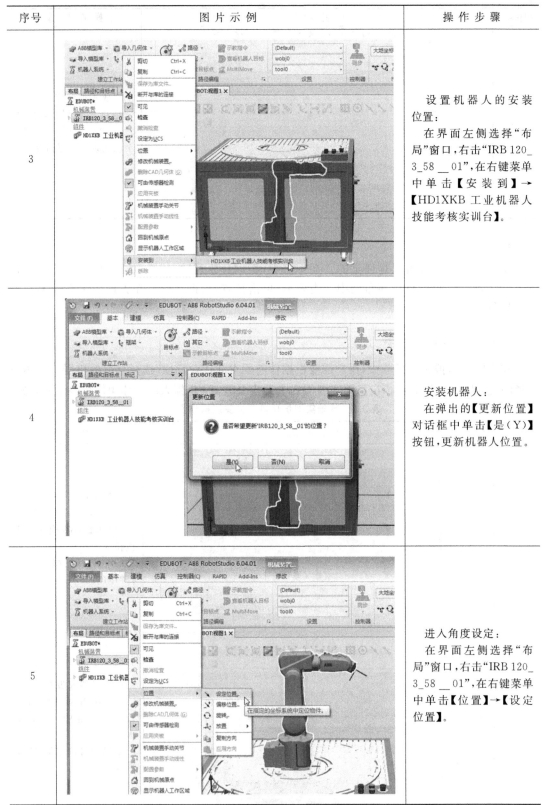	设置机器人的安装位置： 在界面左侧选择"布局"窗口，右击"IRB120_3_58 _ 01"，在右键菜单中单击【安装到】→【HD1XKB 工业机器人技能考核实训台】。
4		安装机器人： 在弹出的【更新位置】对话框中单击【是（Y）】按钮，更新机器人位置。
5		进入角度设定： 在界面左侧选择"布局"窗口，右击"IRB120_3_58 _ 01"，在右键菜单中单击【位置】→【设定位置】。

续表

序号	图 片 示 例	操 作 步 骤
6	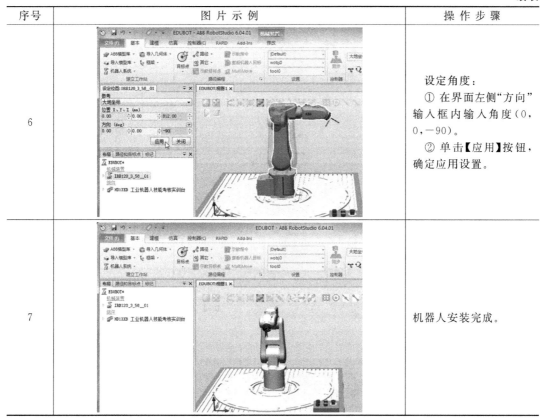	设定角度： ① 在界面左侧"方向"输入框内输入角度（0，0，−90）。 ② 单击【应用】按钮，确定应用设置。
7		机器人安装完成。

说明：

步骤 3 中提到的【安装到】功能是将机器人的本地原点与实训台的本地原点重合。

3.1.3　工具安装

针对不同的虚拟仿真任务，用户需要根据任务要求和作业环境选择合适的工具。本章选择的是 J01 Y 型夹具。安装 J01 Y 型夹具的具体操作步骤见表 3-3。

表 3-3　基础实训仿真工具安装操作步骤

序号	图 片 示 例	操 作 步 骤
1		导入工具： 选择"基本"选项卡，单击【导入模型库】按钮并选择【浏览库文件】选项，在弹出的浏览窗口中选中并打开"J01 Y 型夹具"。

序号	图 片 示 例	操 作 步 骤
2	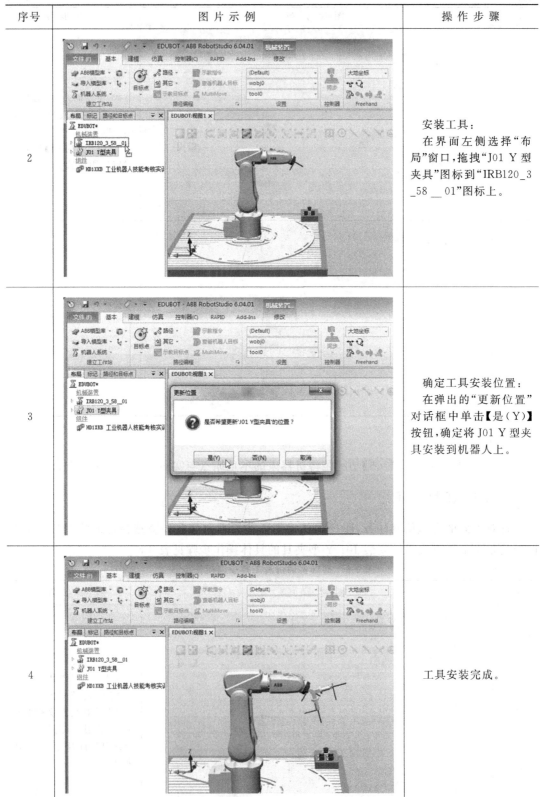	安装工具： 　　在界面左侧选择"布局"窗口，拖拽"J01 Y 型夹具"图标到"IRB120_3_58＿01"图标上。
3		确定工具安装位置： 　　在弹出的"更新位置"对话框中单击【是（Y）】按钮，确定将 J01 Y 型夹具安装到机器人上。
4		工具安装完成。

3.1.4 基础实训模块安装

本任务选择安装 MA01 基础实训模块。该实训模块上主要有圆形、三角形、四边形、六边形、曲线以及 XOY 坐标系。用户可以用相应的工具沿各图形边缘进行路径示教。安装基础实训模块的具体操作步骤见表 3-4。

表 3-4 基础实训模块安装操作步骤

序号	图 片 示 例	操 作 步 骤
1		导入实训模块： 选择"基本"选项卡，单击【导入模型库】按钮，然后选择【浏览库文件】选项，在弹出的浏览窗口中选中并打开"MA01 基础模块.rslib"。
2		开启移动实训模块功能： ① 在界面左侧选择"布局"窗口，选中"MA01 基础模块"。 ② 选择"基本"选项卡，单击"Freehand"区的【移动】按钮，实训模块上出现三维坐标轴。
3		移动实训模块： 拖拽实训模块到合适的位置。

序号	图片示例	操作步骤
4	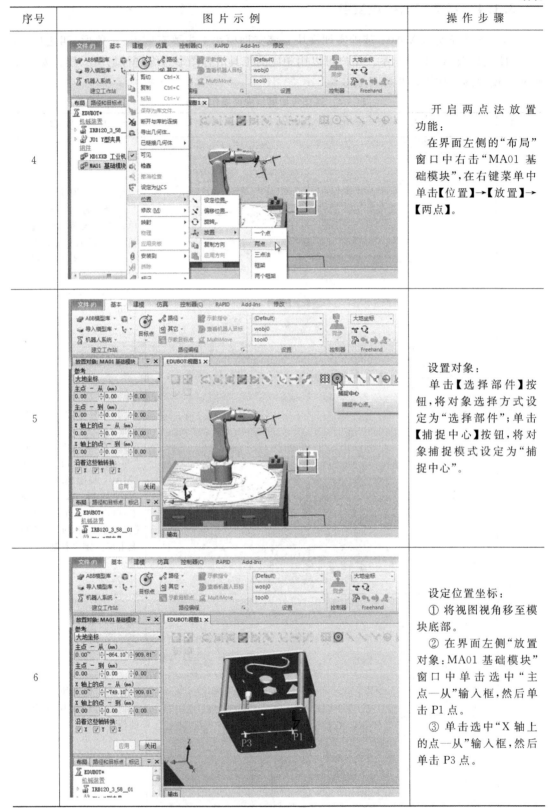	开启两点法放置功能： 在界面左侧的"布局"窗口中右击"MA01 基础模块"，在右键菜单中单击【位置】→【放置】→【两点】。
5		设置对象： 单击【选择部件】按钮，将对象选择方式设定为"选择部件"；单击【捕捉中心】按钮，将对象捕捉模式设定为"捕捉中心"。
6		设定位置坐标： ① 将视图视角移至模块底部。 ② 在界面左侧"放置对象：MA01 基础模块"窗口中单击选中"主点—从"输入框，然后单击 P1 点。 ③ 单击选中"X 轴上的点—从"输入框，然后单击 P3 点。

续表

序号	图 片 示 例	操 作 步 骤
7	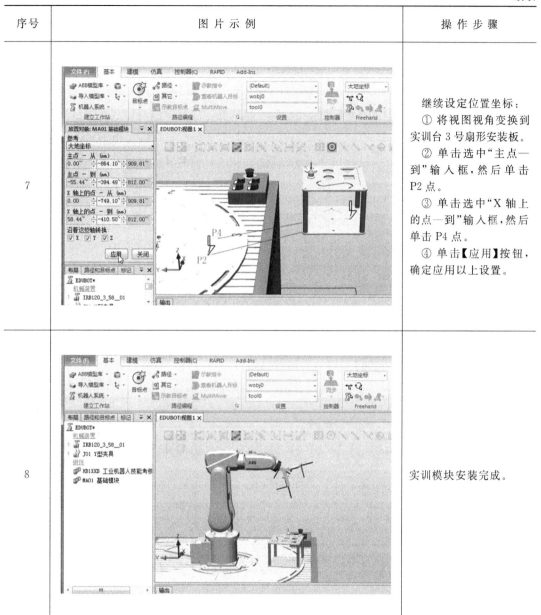	继续设定位置坐标： ① 将视图视角变换到实训台 3 号扇形安装板。 ② 单击选中"主点—到"输入框，然后单击 P2 点。 ③ 单击选中"X 轴上的点—到"输入框，然后单击 P4 点。 ④ 单击【应用】按钮，确定应用以上设置。
8		实训模块安装完成。

3.2　机器人系统创建

搭建完工作站后需要为机器人加载系统，建立虚拟控制器，使其具有相关的电气特性，以完成对应的仿真操作。

机器人系统创建的具体操作步骤见表 3-5。

机器人系统创建

表 3-5　基础实训仿真机器人系统创建操作步骤

序号	图 片 示 例	操 作 步 骤
1	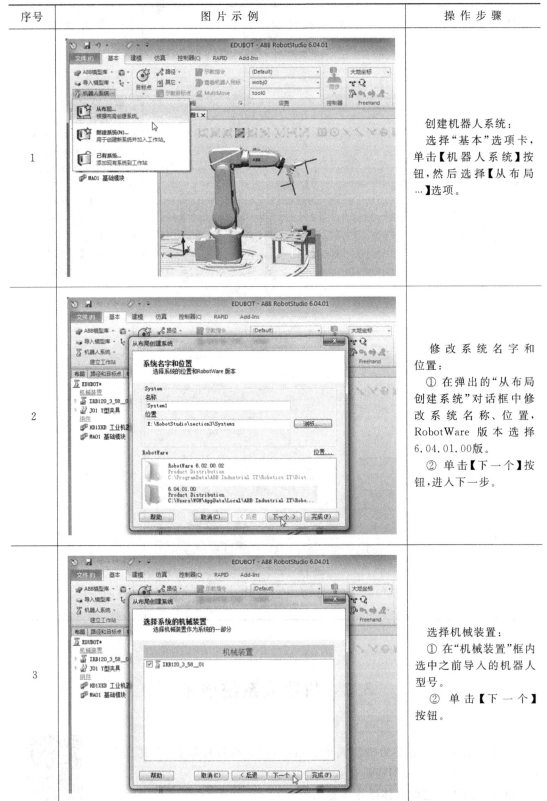	创建机器人系统： 选择"基本"选项卡，单击【机器人系统】按钮，然后选择【从布局…】选项。
2		修改系统名字和位置： ① 在弹出的"从布局创建系统"对话框中修改系统名称、位置，RobotWare 版本选择 6.04.01.00版。 ② 单击【下一个】按钮，进入下一步。
3		选择机械装置： ① 在"机械装置"框内选中之前导入的机器人型号。 ② 单击【下一个】按钮。

续表

序号	图 片 示 例	操 作 步 骤
4	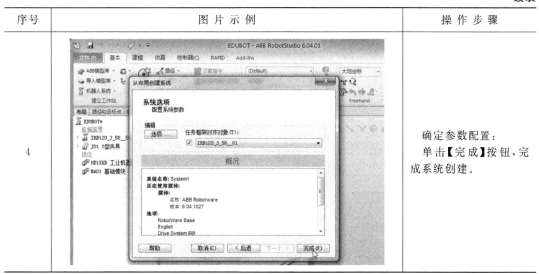	确定参数配置: 单击【完成】按钮,完成系统创建。

说明:

在步骤 4 中,单击【选项…】,可以更改系统选项,如添加 DeviceNet、更改默认语言等。

3.3　坐标系创建

创建完机器人系统后可以创建相关的坐标系,为后续的编程示教操作做准备。本节创建的是工件坐标系。

创建工件坐标系的具体操作步骤见表 3-6。

坐标系创建

表 3-6　基础实训仿真工件坐标系创建操作步骤

序号	图 片 示 例	操 作 步 骤
1	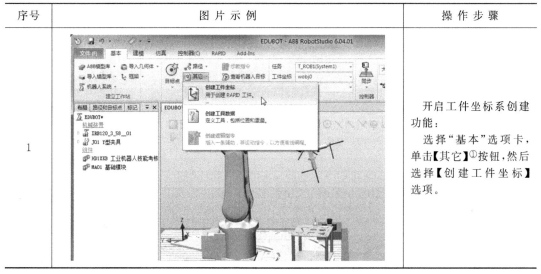	开启工件坐标系创建功能: 选择"基本"选项卡,单击【其它】①按钮,然后选择【创建工件坐标】选项。

---

① "其它"应为"其他",但为与软件保持一致,在引用时不做改动。

续表

序号	图 片 示 例	操作步骤
2	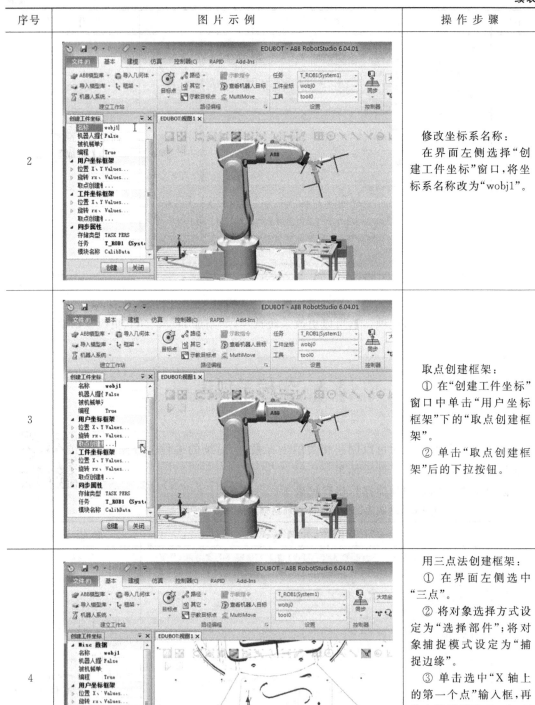	修改坐标系名称: 　在界面左侧选择"创建工件坐标"窗口,将坐标系名称改为"wobj1"。
3		取点创建框架: ① 在"创建工件坐标"窗口中单击"用户坐标框架"下的"取点创建框架"。 ② 单击"取点创建框架"后的下拉按钮。
4		用三点法创建框架: ① 在界面左侧选中"三点"。 ② 将对象选择方式设定为"选择部件";将对象捕捉模式设定为"捕捉边缘"。 ③ 单击选中"X 轴上的第一个点"输入框,再依次捕捉图中 P1 点(X 轴上的第一个点)、P2 点(X 轴上的第二个点)、P3 点(Y 轴上的点)。 ④ 单击【Accept】按钮,确定应用以上设置。

续表

序号	图 片 示 例	操 作 步 骤
5	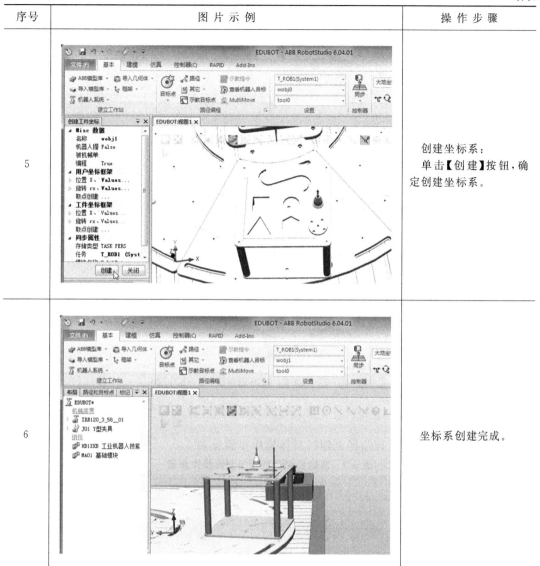	创建坐标系： 单击【创建】按钮，确定创建坐标系。
6		坐标系创建完成。

3.4　基础路径创建

在工作站搭建、机器人系统创建和坐标系创建等准备操作完成后，可以进行路径示教操作。基础实训仿真任务要求机器人激光工具发出的激光沿着路径 P1→P2→P3→P4→P5→P6（见图 3-1）运动。本章仅示教和演示机器人末端工具的运动轨迹。

基础路径创建

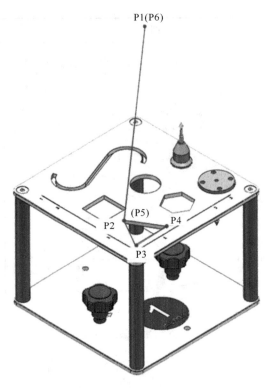

图 3-1 运动轨迹

3.4.1 路径创建

在基础实训仿真中进行路径创建的具体操作步骤见表 3-7。

表 3-7 基础实训仿真路径创建操作步骤

序号	图 片 示 例	操 作 步 骤
1	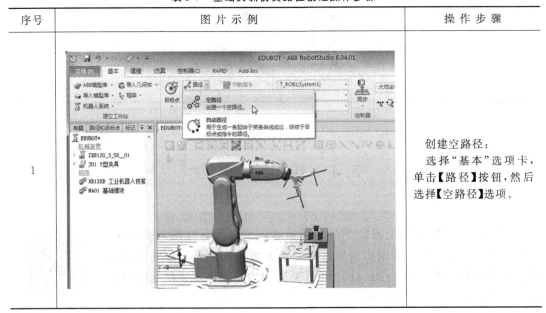	创建空路径: 选择"基本"选项卡,单击【路径】按钮,然后选择【空路径】选项。

续表

序号	图 片 示 例	操作步骤
2	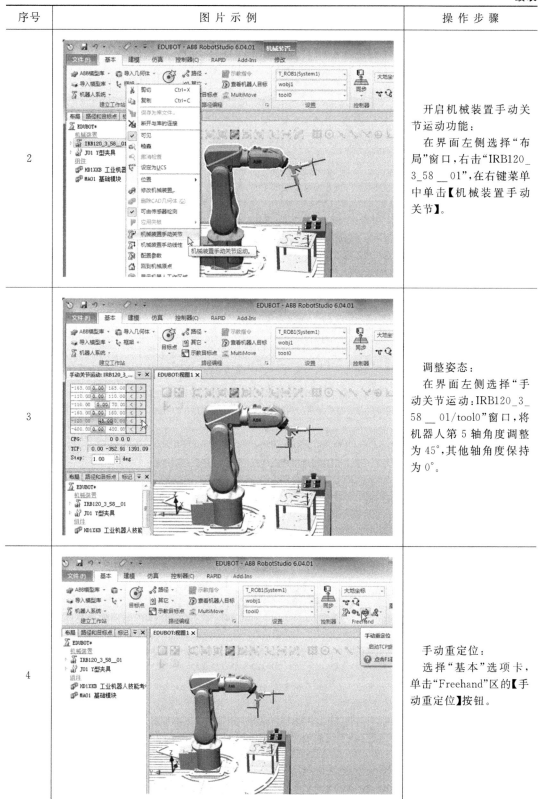	开启机械装置手动关节运动功能： 在界面左侧选择"布局"窗口，右击"IRB120_3_58__01"，在右键菜单中单击【机械装置手动关节】。
3		调整姿态： 在界面左侧选择"手动关节运动：IRB120_3_58__01/tool0"窗口，将机器人第5轴角度调整为45°，其他轴角度保持为0°。
4		手动重定位： 选择"基本"选项卡，单击"Freehand"区的【手动重定位】按钮。

续表

序号	图 片 示 例	操 作 步 骤
5	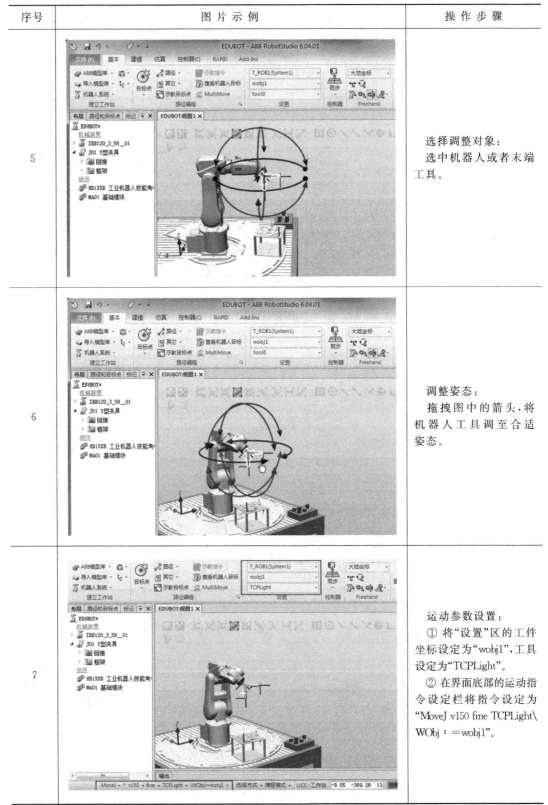	选择调整对象： 选中机器人或者末端工具。
6		调整姿态： 拖拽图中的箭头，将机器人工具调至合适姿态。
7		运动参数设置： ① 将"设置"区的工件坐标设定为"wobj1"，工具设定为"TCPLight"。 ② 在界面底部的运动指令设定栏将指令设定为"MoveJ v150 fine TCPLight\WObj：=wobj1"。

续表

序号	图 片 示 例	操 作 步 骤
8	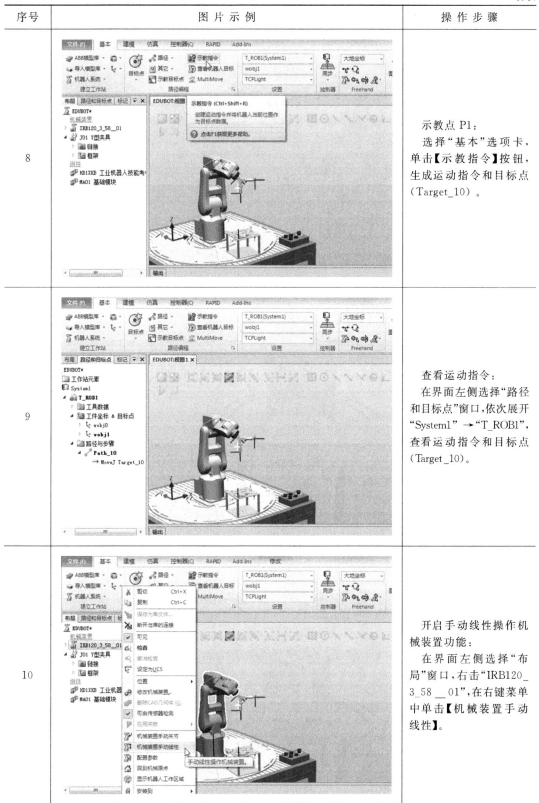	示教点 P1： 选择"基本"选项卡，单击【示教指令】按钮，生成运动指令和目标点（Target_10）。
9		查看运动指令： 在界面左侧选择"路径和目标点"窗口，依次展开"System1"→"T_ROB1"，查看运动指令和目标点（Target_10）。
10		开启手动线性操作机械装置功能： 在界面左侧选择"布局"窗口，右击"IRB120_3_58__01"，在右键菜单中单击【机械装置手动线性】。

序号	图片示例	操作步骤
11	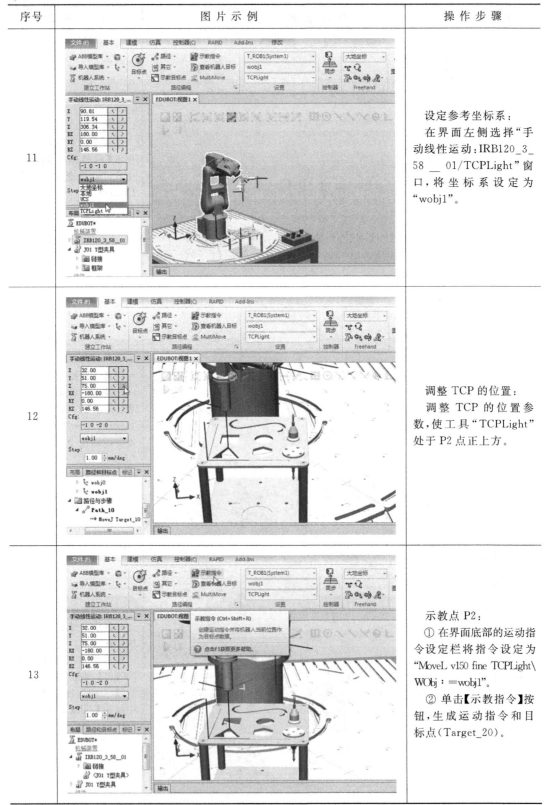	设定参考坐标系： 　在界面左侧选择"手动线性运动：IRB120_3_58 __ 01/TCPLight"窗口，将坐标系设定为"wobj1"。
12		调整 TCP 的位置： 　调整 TCP 的位置参数，使工具"TCPLight"处于 P2 点正上方。
13		示教点 P2： 　① 在界面底部的运动指令设定栏将指令设定为"MoveL v150 fine TCPLight\WObj：＝wobj1"。 　② 单击【示教指令】按钮，生成运动指令和目标点（Target_20）。

序号	图 片 示 例	操 作 步 骤
14	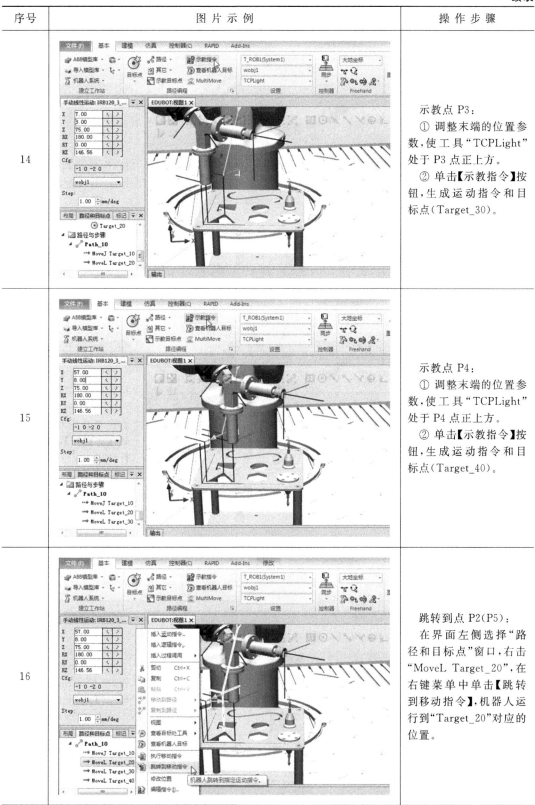	示教点 P3： ① 调整末端的位置参数，使工具"TCPLight"处于 P3 点正上方。 ② 单击【示教指令】按钮，生成运动指令和目标点(Target_30)。
15		示教点 P4： ① 调整末端的位置参数，使工具"TCPLight"处于 P4 点正上方。 ② 单击【示教指令】按钮，生成运动指令和目标点(Target_40)。
16		跳转到点 P2(P5)： 在界面左侧选择"路径和目标点"窗口，右击"MoveL Target_20"，在右键菜单中单击【跳转到移动指令】，机器人运行到"Target_20"对应的位置。

序号	图 片 示 例	操 作 步 骤
17	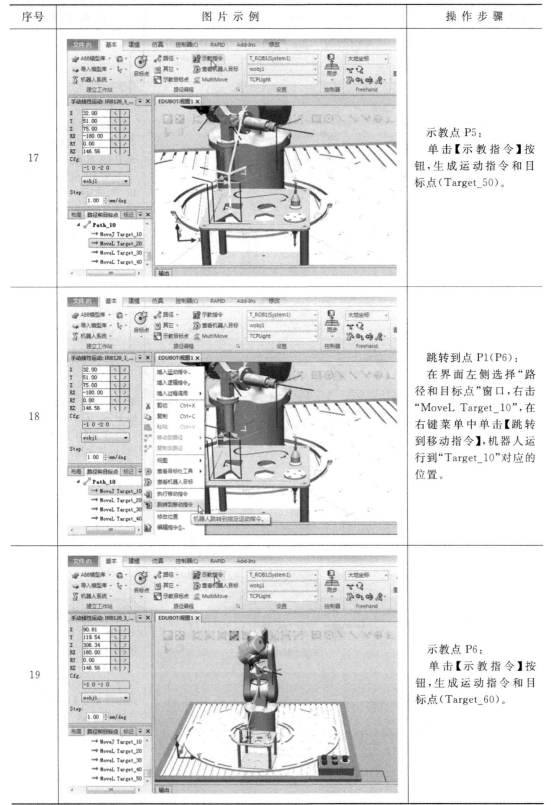	示教点 P5： 单击【示教指令】按钮，生成运动指令和目标点(Target_50)。
18		跳转到点 P1(P6)： 在界面左侧选择"路径和目标点"窗口，右击"MoveL Target_10"，在右键菜单中单击【跳转到移动指令】，机器人运行到"Target_10"对应的位置。
19		示教点 P6： 单击【示教指令】按钮，生成运动指令和目标点(Target_60)。

序号	图 片 示 例	操作步骤
20	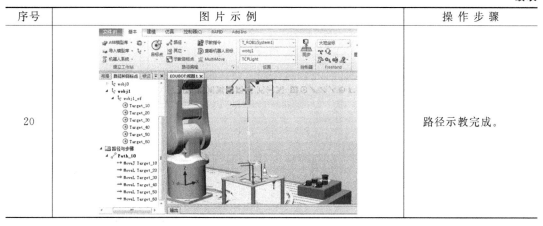	路径示教完成。

说明：

在步骤 6 中，如果不进行手动重定位，则在直接通过"手动线性"功能拖拽机器人工具接近实训模块表面的过程中，机器人会因为到达奇异点而停止。所以这里提前进行"手动重定位"，改变机器人姿态，使其在后续的运行过程中避开奇异点。

3.4.2　路径验证

路径示教完成之后，可以对路径进行验证，以确保各个路径点是可达的。在基础实训仿真中进行路径验证的具体操作步骤见表 3-8。

表 3-8　基础实训仿真路径验证操作步骤

序号	图 片 示 例	操作步骤
1		打开到达能力验证功能： 在界面左侧选择"路径和目标点"窗口，在"路径与步骤"下右击"Path_10"，在右键菜单中单击【到达能力】。
2		验证到达能力： 在界面左侧"到达能力：Path_10"窗口中，各位置项后面有绿色标志说明机器人可以到达该位置，有红色标志说明机器人无法到达该位置。

序号	图 片 示 例	操 作 步 骤
3	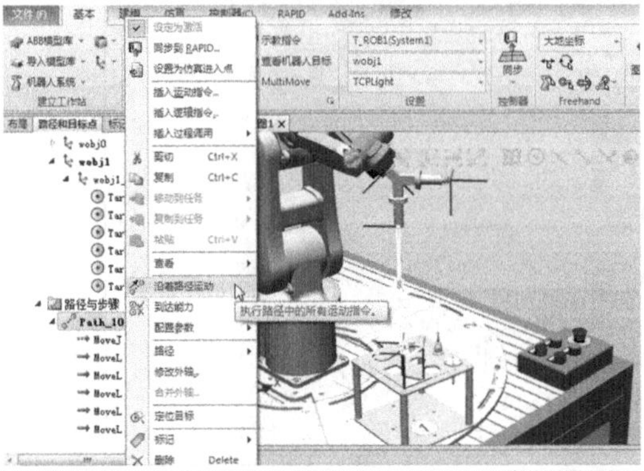	验证路径: 　在"路径与步骤"下右击"Path_10",在右键菜单中单击【沿着路径运动】,机器人将沿着示教的路径运动。

说明:

步骤1中提到的【到达能力】选项,高版本中没有此选项,可查看路径下指令前端的标志,若有黄色或红色标志,则说明机器人无法到达该位置。

3.5　仿真及调试

完成路径创建后,即可进行仿真及调试。通过仿真演示,用户可以直观地看到机器人的运动情况,为后续的项目实施或者优化提供依据。RobotStudio仿真软件还提供了仿真录像、视图录制和打包等功能,以方便用户之间进行交流讨论。

仿真及调试

3.5.1　工作站仿真演示

工作站仿真演示可以让机器人沿着示教好的路径运动。在基础实训仿真中进行工作站仿真演示的具体操作步骤见表3-9。

表 3-9　基础实训仿真工作站仿真演示操作步骤

序号	图 片 示 例	操 作 步 骤
1	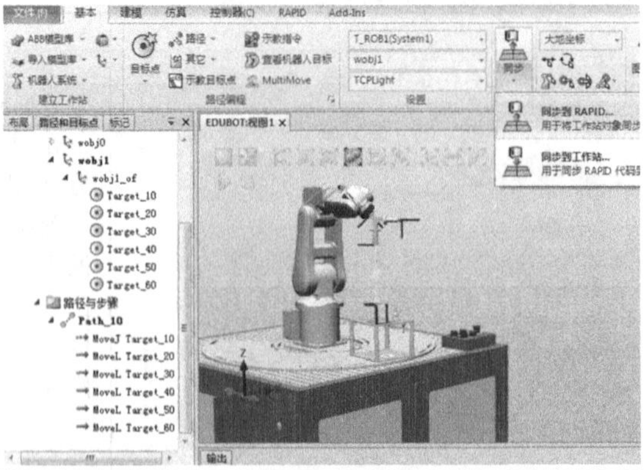	开启同步功能: 　选择"基本"选项卡,单击【同步】按钮,然后选择【同步到RAPID】选项,以将工作站和虚拟控制器数据同步。

续表

序号	图 片 示 例	操作步骤
2	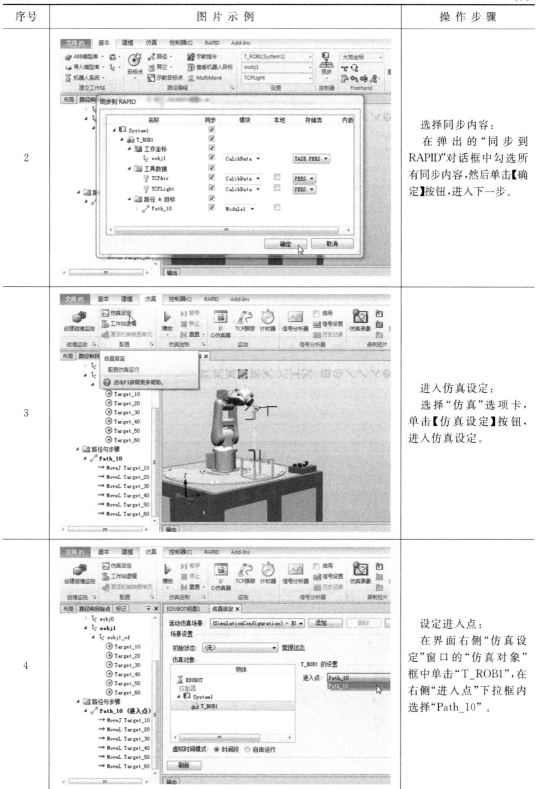	选择同步内容： 　在弹出的"同步到RAPID"对话框中勾选所有同步内容，然后单击【确定】按钮，进入下一步。
3		进入仿真设定： 　选择"仿真"选项卡，单击【仿真设定】按钮，进入仿真设定。
4		设定进入点： 　在界面右侧"仿真设定"窗口的"仿真对象"框中单击"T_ROB1"，在右侧"进入点"下拉框内选择"Path_10"。

序号	图 片 示 例	操 作 步 骤
5	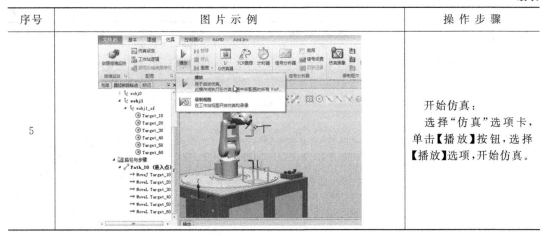	开始仿真： 　选择"仿真"选项卡，单击【播放】按钮，选择【播放】选项，开始仿真。

3.5.2　仿真录像

利用仿真录像功能可以将软件视图中的画面录制成一定格式的视频。仿真录像的具体操作步骤见表 3-10。

表 3-10　基础实训仿真中仿真录像操作步骤

序号	图 片 示 例	操 作 步 骤
1	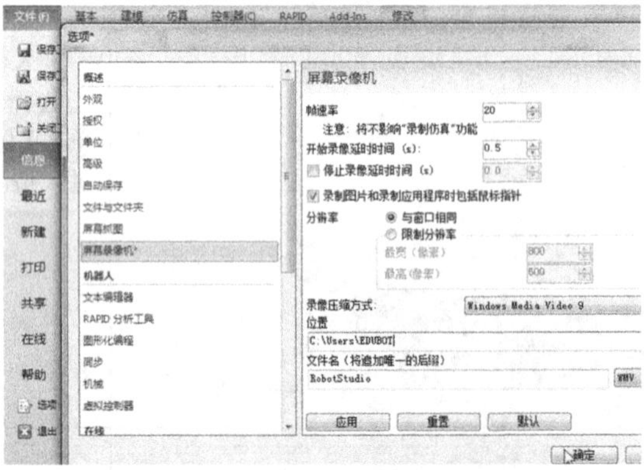	设置录像机参数： 　① 选择"文件"选项卡，单击【选项】按钮。 　② 在弹出的"选项"窗口中单击【屏幕录像机】选项，设置相关参数。 　③ 单击【确定】按钮，进入下一步。
2	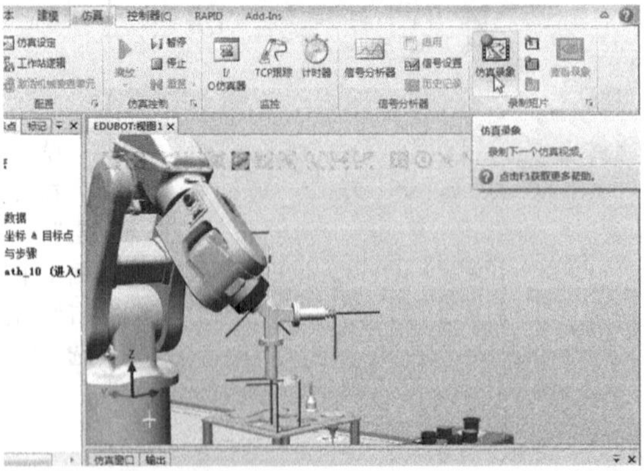	仿真录像： 　① 选择"仿真"选项卡，单击【播放】按钮，开始仿真。 　② 单击【仿真录象】①按钮，开始录制仿真视频。

---

① "仿真录象"应为"仿真录像"，但为与软件保持一致，本书在引用时不做改动。

3.5.3　录制视图

利用录制视图功能可以将软件视图中的画面录制成一个可执行文件（.exe 格式），双击该文件可直接观看仿真效果。在基础实训仿真中进行视图录制的具体操作步骤见表 3-11。

表 3-11　基础实训仿真视图录制操作步骤

序号	图 片 示 例	操 作 步 骤
1	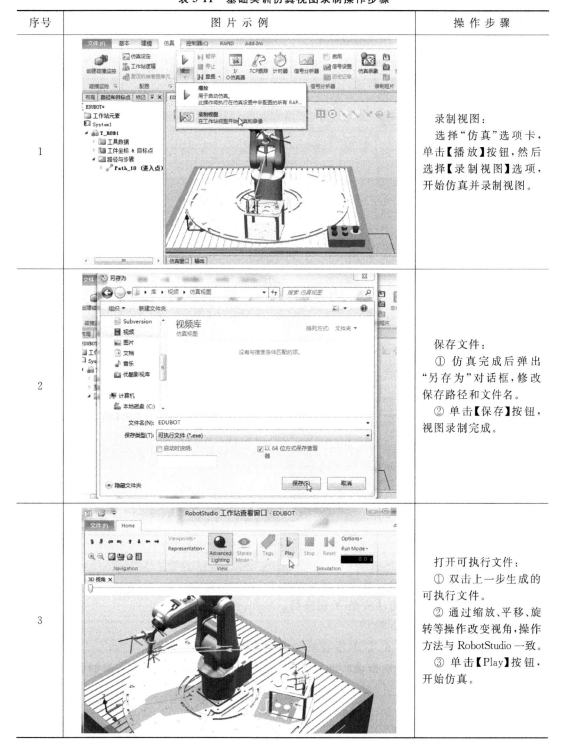	录制视图： 　选择"仿真"选项卡，单击【播放】按钮，然后选择【录制视图】选项，开始仿真并录制视图。
2		保存文件： 　① 仿真完成后弹出"另存为"对话框，修改保存路径和文件名。 　② 单击【保存】按钮，视图录制完成。
3		打开可执行文件： 　① 双击上一步生成的可执行文件。 　② 通过缩放、平移、旋转等操作改变视角，操作方法与 RobotStudio 一致。 　③ 单击【Play】按钮，开始仿真。

3.5.4　打包工作站

　　工作站打包文件可以在不同计算机上的 RobotStudio 软件中打开,以方便用户间的交流。在基础实训仿真中,打包工作站的具体操作步骤见表 3-12。

表 3-12　基础实训仿真打包工作站操作步骤

序号	图片示例	操作步骤
1	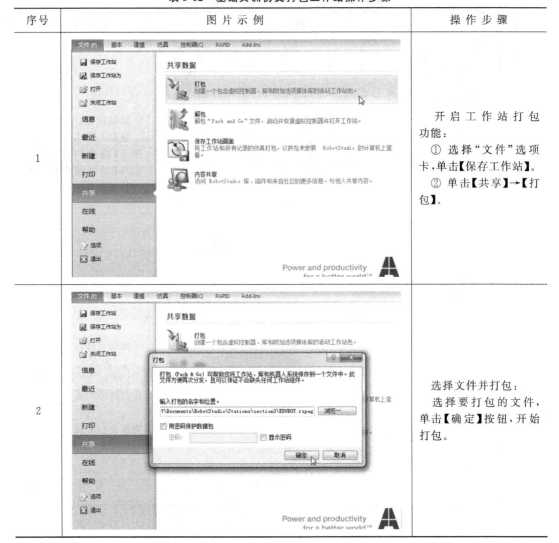	开启工作站打包功能: ① 选择"文件"选项卡,单击【保存工作站】。 ② 单击【共享】→【打包】。
2		选择文件并打包: 选择要打包的文件,单击【确定】按钮,开始打包。

思考与练习

1. 如何将实训台地脚恰好放置在虚拟地板上?

2. 请用安装机器人的方法安装 Y 型夹具。

3. 安装完夹具后如何拆除?

4. 创建新路径,让机器人 TCP 沿着基础实训模块上的 S 曲线边缘绕行。

5. 工作站搭建完后,分别拖动实训台、机器人、实训模块,探讨安装和放置的区别。

第4章 激光雕刻实训仿真

本章要点
- 加载工业机器人及周边模型；
- 创建系统；
- 创建坐标系；
- 创建自动路径；
- 示教指令；
- 调整目标点；
- 调整轴配置参数；
- 仿真演示；
- 录制视频和制作可执行文件；
- 文件共享。

本章进行激光雕刻实训仿真，任务是沿着指定的边界曲线创建运动轨迹并进行仿真演示。要完成本实训仿真，需要进行激光雕刻实训工作站搭建、机器人系统创建、坐标系创建、激光雕刻路径创建、仿真及调试这五个部分的操作。通过本章的学习，用户可以掌握模型的导入和安装、坐标系创建、自动路径创建、仿真及调试等操作的技巧。

4.1 激光雕刻实训工作站搭建

要完成仿真任务，用户首先需要将涉及的机械模型加载到工作站中。激光雕刻实训工作站的搭建包括以下内容：

(1) 实训台安装；

(2) 机器人安装；

(3) 工具安装；

(4) 激光雕刻实训模块安装。

激光雕刻实训
工作站搭建

4.1.1 实训台安装

本章所涉及的机器人和实训模块都要安装到"HD1XKB 工业机器人技能考核实训台"上，因此需要先安装实训台。激光雕刻实训台安装的具体操作步骤见表4-1。

表 4-1　激光雕刻实训台安装操作步骤

序号	图片示例	操作步骤
1	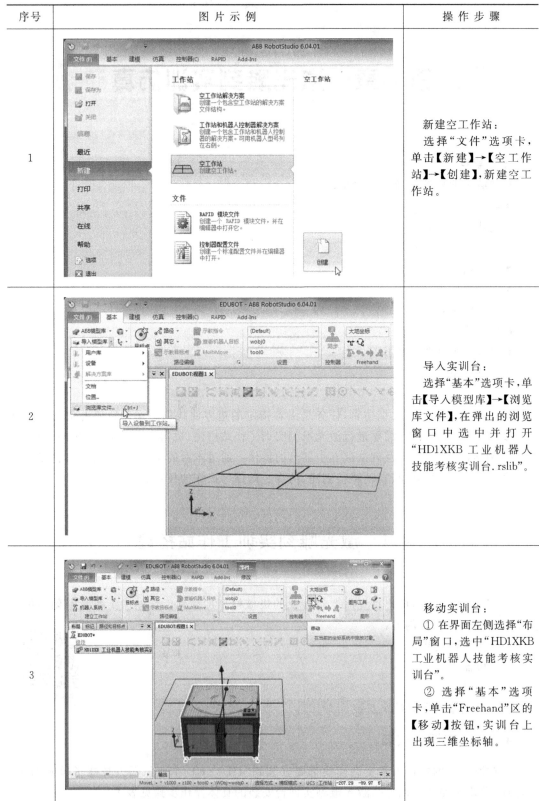	新建空工作站： 选择"文件"选项卡，单击【新建】→【空工作站】→【创建】，新建空工作站。
2		导入实训台： 选择"基本"选项卡，单击【导入模型库】→【浏览库文件】，在弹出的浏览窗口中选中并打开"HD1XKB 工业机器人技能考核实训台.rslib"。
3		移动实训台： ① 在界面左侧选择"布局"窗口，选中"HD1XKB 工业机器人技能考核实训台"。 ② 选择"基本"选项卡，单击"Freehand"区的【移动】按钮，实训台上出现三维坐标轴。

续表

序号	图 片 示 例	操 作 步 骤
4	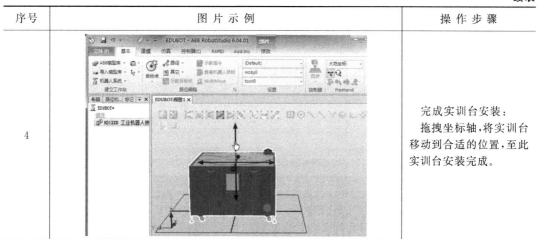	完成实训台安装： 拖拽坐标轴，将实训台移动到合适的位置，至此实训台安装完成。

4.1.2　机器人安装

在不同的虚拟仿真任务中，用户需要根据任务要求和作业环境，选择合适的机器人。本章选择的是 IRB 120 机器人。安装 IRB 120 机器人的具体操作步骤见表 4-2。

表 4-2　激光雕刻实训仿真机器人安装操作步骤

序号	图 片 示 例	操 作 步 骤
1		选择机器人： ① 选择"基本"选项卡，单击【ABB 模型库】按钮。 ② 在打开的窗口中选择"IRB 120"。
2		选择机器人版本： ① 在弹出的"IRB 120"对话框中，选择版本"IRB 120"。 ② 单击【确定】按钮，进入下一步。

序号	图 片 示 例	操 作 步 骤
3	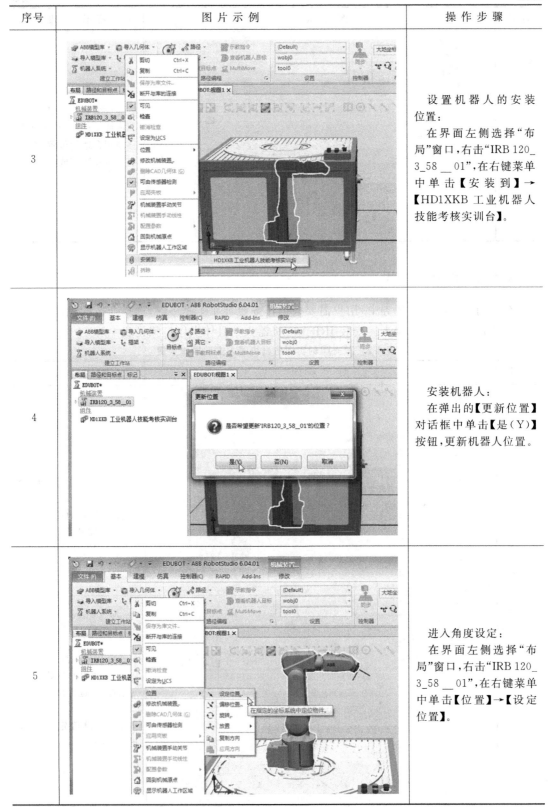	设置机器人的安装位置： 在界面左侧选择"布局"窗口，右击"IRB 120_3_58 __ 01"，在右键菜单中单击【安装到】→【HD1XKB 工业机器人技能考核实训台】。
4		安装机器人： 在弹出的【更新位置】对话框中单击【是（Y）】按钮，更新机器人位置。
5		进入角度设定： 在界面左侧选择"布局"窗口，右击"IRB 120_3_58 __ 01"，在右键菜单中单击【位置】→【设定位置】。

续表

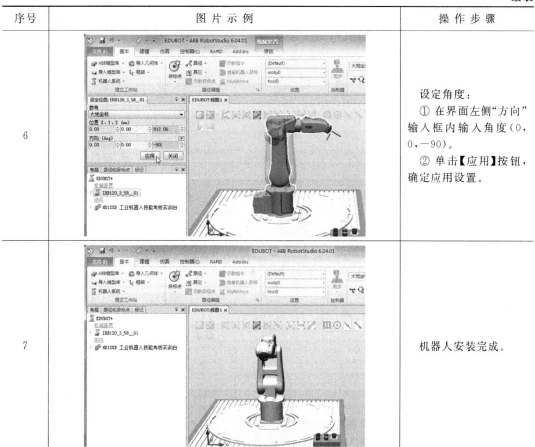

序号	图 片 示 例	操 作 步 骤
6		设定角度： ① 在界面左侧"方向"输入框内输入角度（0，0，−90）。 ② 单击【应用】按钮，确定应用设置。
7		机器人安装完成。

4.1.3 工具安装

针对不同的虚拟仿真任务,用户需要根据任务要求和作业环境选择合适的工具。本章选择的是 J01 Y 型夹具。安装 J01 Y 型夹具的具体操作步骤见表 4-3。

表 4-3 激光雕刻实训仿真工具安装操作步骤

序号	图 片 示 例	操 作 步 骤
1		导入工具： 选择"基本"选项卡,单击【导入模型库】按钮,然后选择【浏览库文件】选项,在弹出的浏览窗口中选中并打开"J01 Y 型夹具"。

序号	图片示例	操作步骤
2	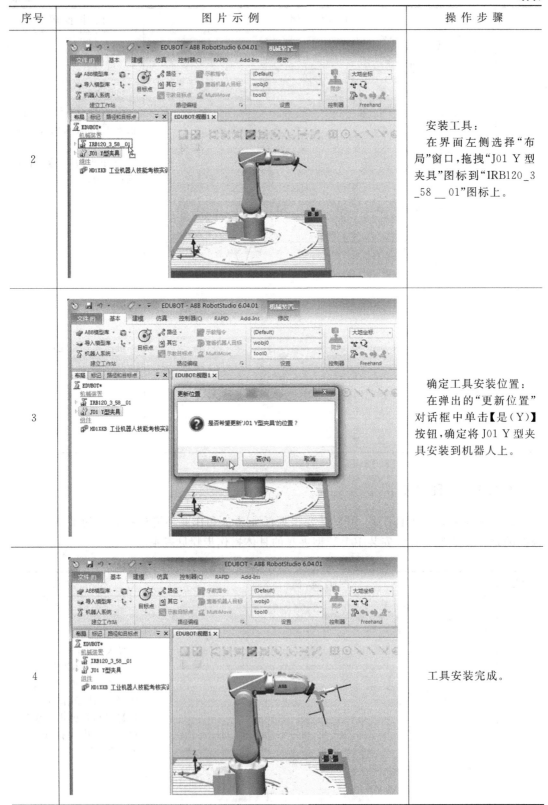	安装工具： 　　在界面左侧选择"布局"窗口，拖拽"J01 Y型夹具"图标到"IRB120_3_58＿01"图标上。
3		确定工具安装位置： 　　在弹出的"更新位置"对话框中单击【是(Y)】按钮，确定将 J01 Y型夹具安装到机器人上。
4		工具安装完成。

4.1.4　激光雕刻实训模块安装

本任务选择安装 MA02 激光雕刻实训模块。该实训模块上有"HRG"、"EDUBOT"两组字母以及 *XOY* 坐标系,用户可以用相应的工具沿各字母边缘进行路径示教。安装激光雕刻实训模块的具体操作步骤见表 4-4。

表 4-4　激光雕刻实训模块安装操作步骤

序号	图 片 示 例	操 作 步 骤
1		导入实训模块: 　选择"基本"选项卡,单击【导入模型库】按钮,选择【浏览库文件】选项,在弹出的浏览窗口中选中并打开"MA02激光雕刻模块.rslib"。
2		移动实训模块: ① 在界面左侧选择"布局"窗口,选中"MA02激光雕刻模块"。 ② 选择"基本"选项卡,单击"Freehand"区的【移动】按钮,实训模块上出现三维坐标轴。
3		移动实训模块: 拖拽实训模块到合适的位置。

序号	图 片 示 例	操 作 步 骤
4	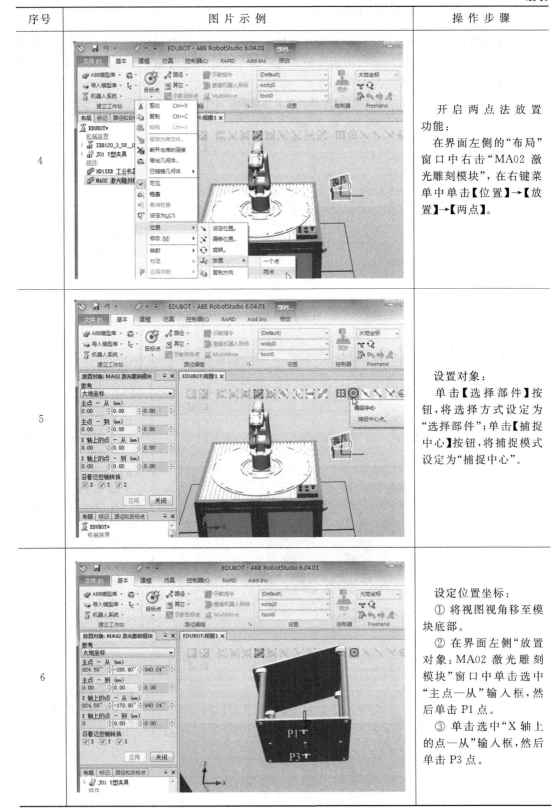	开启两点法放置功能： 在界面左侧的"布局"窗口中右击"MA02 激光雕刻模块"，在右键菜单中单击【位置】→【放置】→【两点】。
5		设置对象： 单击【选择部件】按钮，将选择方式设定为"选择部件"；单击【捕捉中心】按钮，将捕捉模式设定为"捕捉中心"。
6		设定位置坐标： ① 将视图视角移至模块底部。 ② 在界面左侧"放置对象：MA02 激光雕刻模块"窗口中单击选中"主点—从"输入框，然后单击 P1 点。 ③ 单击选中"X 轴上的点—从"输入框，然后单击 P3 点。

序号	图 片 示 例	操 作 步 骤
7	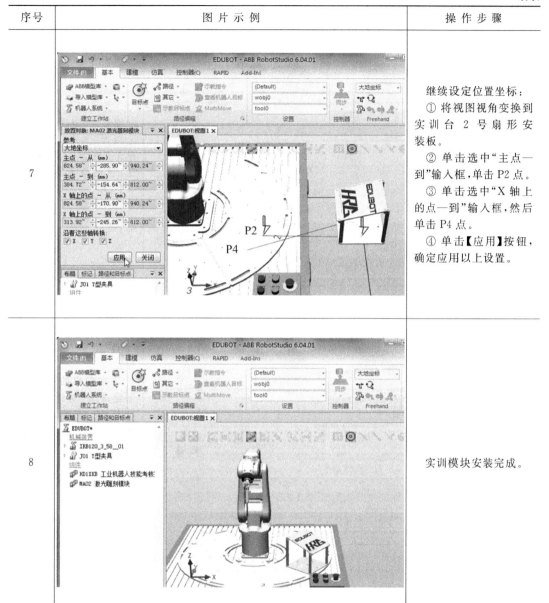	继续设定位置坐标： ① 将视图视角变换到实训台 2 号扇形安装板。 ② 单击选中"主点—到"输入框，单击 P2 点。 ③ 单击选中"X 轴上的点—到"输入框，然后单击 P4 点。 ④ 单击【应用】按钮，确定应用以上设置。
8		实训模块安装完成。

4.2　机器人系统创建

搭建完工作站后需要为机器人加载系统，建立虚拟控制器，使其具有相关的电气特性，以完成对应的仿真操作。

创建机器人系统的具体操作步骤见表 4-5。

机器人系统创建

表 4-5　激光雕刻实训仿真机器人系统创建操作步骤

序号	图 片 示 例	操 作 步 骤
1	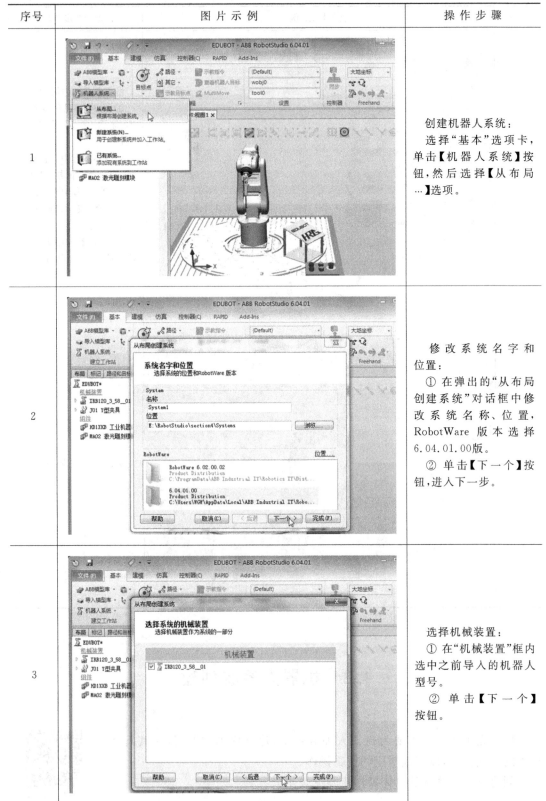	创建机器人系统： 　选择"基本"选项卡，单击【机器人系统】按钮，然后选择【从布局…】选项。
2		修改系统名字和位置： 　① 在弹出的"从布局创建系统"对话框中修改系统名称、位置，RobotWare 版本选择 6.04.01.00版。 　② 单击【下一个】按钮，进入下一步。
3		选择机械装置： 　① 在"机械装置"框内选中之前导入的机器人型号。 　② 单击【下一个】按钮。

续表

序号	图片示例	操作步骤
4	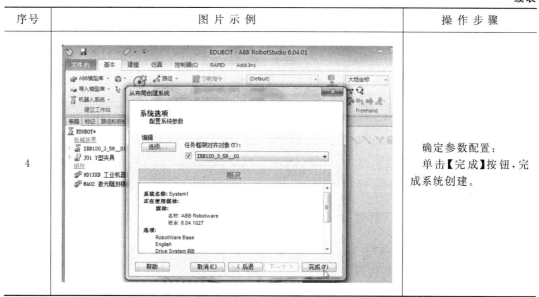	确定参数配置： 单击【完成】按钮，完成系统创建。

4.3　坐标系创建

创建完机器人系统后可以创建相关的坐标系，为后续的编程示教操作做准备。本节创建的是工件坐标系。

创建工件坐标系的具体操作步骤见表 4-6。

坐标系创建

表 4-6　激光雕刻实训仿真坐标系创建操作步骤

序号	图片示例	操作步骤
1	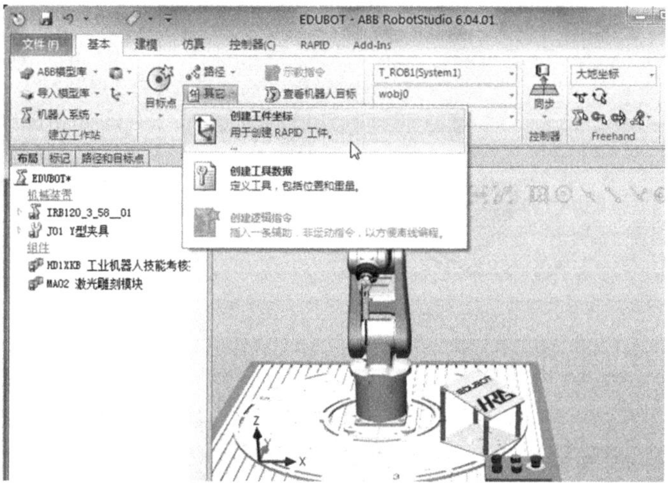	开启工件坐标系创建功能： 选择"基本"选项卡，单击【其它】按钮，然后选择【创建工件坐标】选项。

序号	图 片 示 例	操 作 步 骤
2	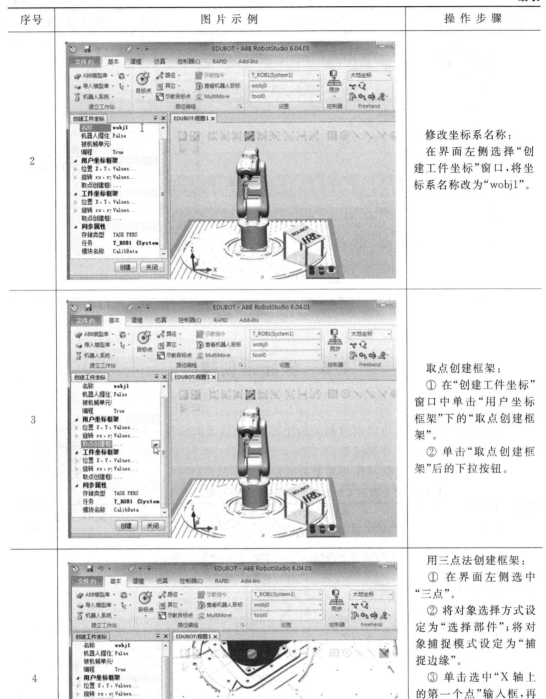	修改坐标系名称: 在界面左侧选择"创建工件坐标"窗口,将坐标系名称改为"wobj1"。
3		取点创建框架: ① 在"创建工件坐标"窗口中单击"用户坐标框架"下的"取点创建框架"。 ② 单击"取点创建框架"后的下拉按钮。
4		用三点法创建框架: ① 在界面左侧选中"三点"。 ② 将对象选择方式设定为"选择部件";将对象捕捉模式设定为"捕捉边缘"。 ③ 单击选中"X轴上的第一个点"输入框,再依次捕捉图中P1点(X轴上的第一个点)、P2点(X轴上的第二个点)、P3点(Y轴上的点)。 ④ 单击【Accept】按钮,确定应用以上设置。

序号	图 片 示 例	操 作 步 骤
5	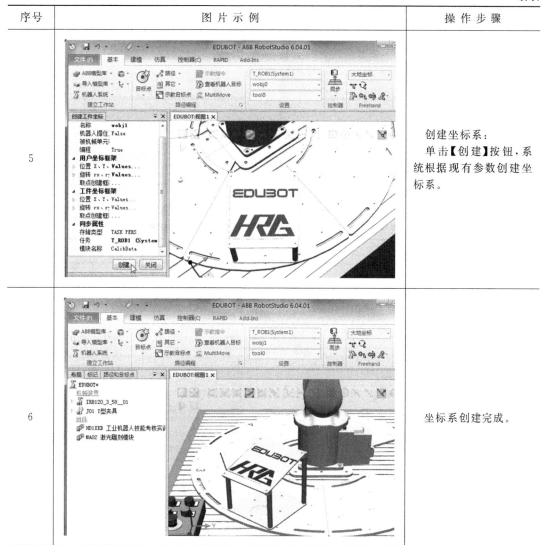	创建坐标系： 单击【创建】按钮，系统根据现有参数创建坐标系。
6		坐标系创建完成。

4.4 激光雕刻路径创建

在工作站搭建、机器人系统创建和坐标系创建等准备操作完成后，即可创建激光雕刻路径。激光雕刻实训仿真任务要求机器人激光工具发出的激光沿着路径"HRG"字母外边缘（见图 4-1）运动，模拟实际激光雕刻。本章仅创建和演示机器人末端工具的运动轨迹。在本任务中，激光雕刻路径创建的方法是先利用 RobotStudio 的自动路径功能快速生成目标点和运动指令，然后逐个修改目标点的参数，保证机器人能够顺利运行，最后完善路径。

激光雕刻路径创建

75

图 4-1　激光雕刻路径

4.4.1　自动路径创建

在激光雕刻实训仿真中进行自动路径创建的具体操作步骤见表 4-7。

表 4-7　激光雕刻实训仿真自动路径创建操作步骤

序号	图 片 示 例	操 作 步 骤
1	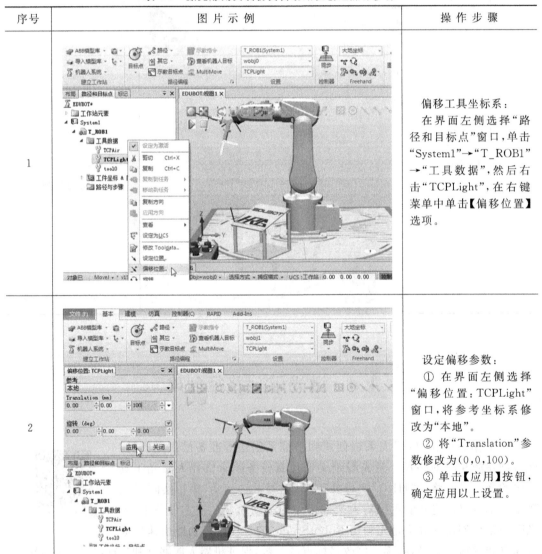	偏移工具坐标系： 　在界面左侧选择"路径和目标点"窗口，单击"System1"→"T_ROB1"→"工具数据"，然后右击"TCPLight"，在右键菜单中单击【偏移位置】选项。
2		设定偏移参数： 　① 在界面左侧选择"偏移位置：TCPLight"窗口，将参考坐标系修改为"本地"。 　② 将"Translation"参数修改为(0,0,100)。 　③ 单击【应用】按钮，确定应用以上设置。

续表

序号	图 片 示 例	操 作 步 骤
3	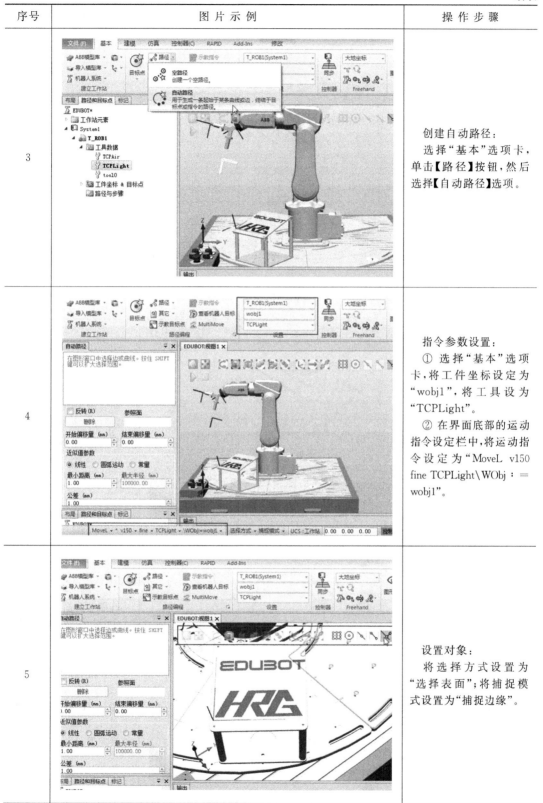	创建自动路径： 选择"基本"选项卡，单击【路径】按钮，然后选择【自动路径】选项。
4		指令参数设置： ① 选择"基本"选项卡，将工件坐标设定为"wobj1"，将工具设为"TCPLight"。 ② 在界面底部的运动指令设定栏中，将运动指令设定为"MoveL v150 fine TCPLight\WObj：＝wobj1"。
5		设置对象： 将选择方式设置为"选择表面"；将捕捉模式设置为"捕捉边缘"。

序号	图 片 示 例	操 作 步 骤
6	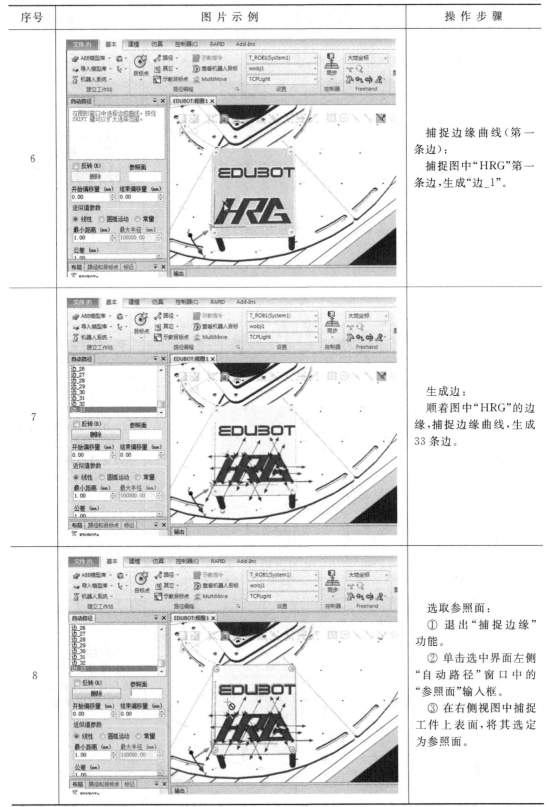	捕捉边缘曲线(第一条边): 捕捉图中"HRG"第一条边,生成"边_1"。
7		生成边: 顺着图中"HRG"的边缘,捕捉边缘曲线,生成33条边。
8		选取参照面: ① 退出"捕捉边缘"功能。 ② 单击选中界面左侧"自动路径"窗口中的"参照面"输入框。 ③ 在右侧视图中捕捉工件上表面,将其选定为参照面。

续表

序号	图 片 示 例	操 作 步 骤
9	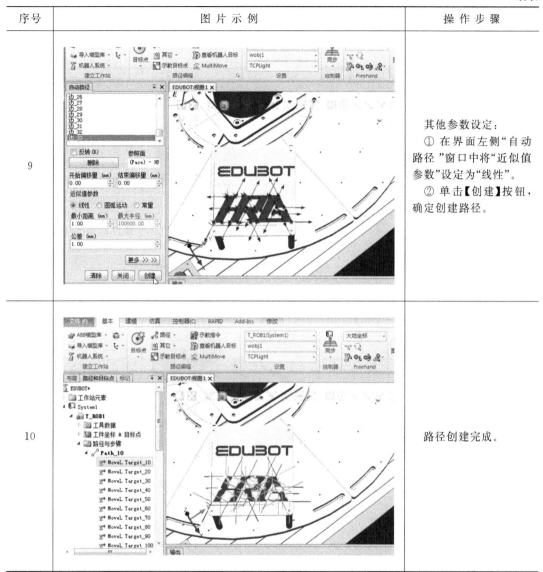	其他参数设定: ① 在界面左侧"自动路径"窗口中将"近似值参数"设定为"线性"。 ② 单击【创建】按钮,确定创建路径。
10		路径创建完成。

说明:

(1) 因为实际的激光雕刻应用中激光工具和工件之间是有一定距离的,如果不通过步骤 1、2 将工具坐标系偏移,那么接下来自动路径完成后,机器人沿着路径运动时激光工具将贴着工件表面,不符合实际需求。

(2) "参照面"可以不设定。设定的优点是可以统一目标点的 Z 轴方向。目标点 Z 轴方向垂直于"参照面"。

4.4.2　目标点调整

因为通过"自动路径"生成的目标点,可能由于超出机器人工作区域或者使得机器人姿态变化过大等原因,导致机器人 TCP 无法到达,所以需要调整目标点。在激光雕刻实训仿真中进行目标点调整的具体操作步骤见表 4-8。

表 4-8 激光雕刻实训仿真目标点调整操作步骤

序号	图片示例	操作步骤
1	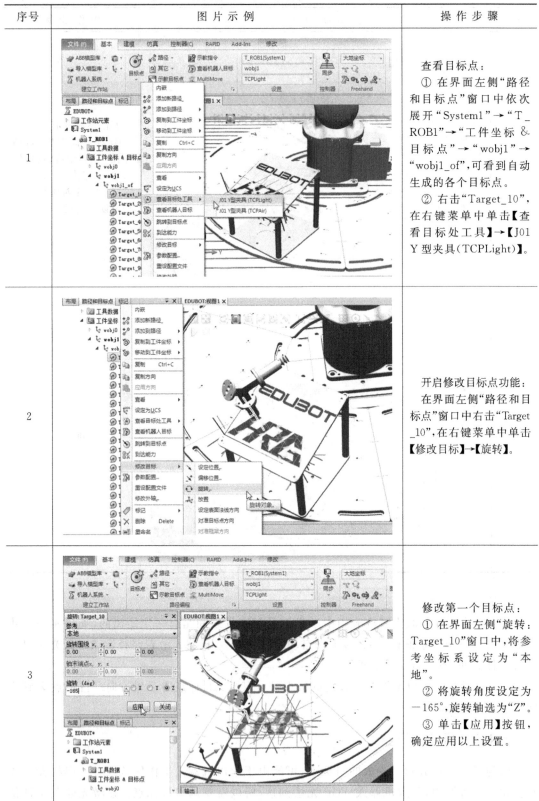	查看目标点： ① 在界面左侧"路径和目标点"窗口中依次展开"System1"→"T_ROB1"→"工件坐标 & 目标点"→"wobj1"→"wobj1_of"，可看到自动生成的各个目标点。 ② 右击"Target_10"，在右键菜单中单击【查看目标处工具】→【J01 Y 型夹具(TCPLight)】。
2		开启修改目标点功能： 在界面左侧"路径和目标点"窗口中右击"Target_10"，在右键菜单中单击【修改目标】→【旋转】。
3		修改第一个目标点： ① 在界面左侧"旋转：Target_10"窗口中，将参考坐标系设定为"本地"。 ② 将旋转角度设定为－165°，旋转轴选为"Z"。 ③ 单击【应用】按钮，确定应用以上设置。

续表

序号	图　片　示　例	操　作　步　骤
4	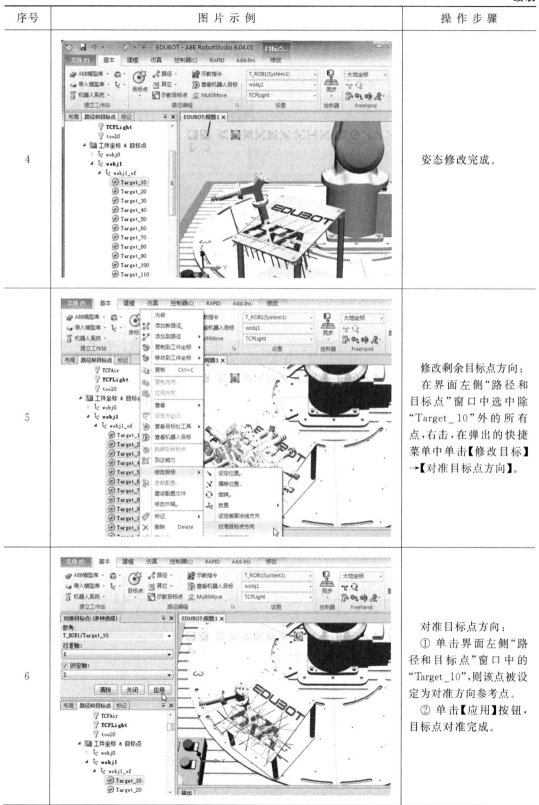	姿态修改完成。
5		修改剩余目标点方向： 在界面左侧"路径和目标点"窗口中选中除"Target_10"外的所有点，右击，在弹出的快捷菜单中单击【修改目标】→【对准目标点方向】。
6		对准目标点方向： ① 单击界面左侧"路径和目标点"窗口中的"Target_10"，则该点被设定为对准方向参考点。 ② 单击【应用】按钮，目标点对准完成。

序号	图 片 示 例	操 作 步 骤
7	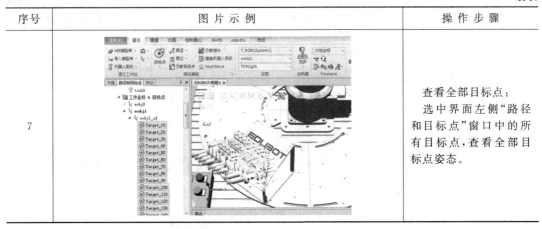	查看全部目标点: 选中界面左侧"路径和目标点"窗口中的所有目标点,查看全部目标点姿态。

说明:

工具的方向不是唯一的,各个目标点的方向也可以不一致。在步骤 3 中,读者可以自行调整旋转角度,不一定拘泥于 −165°。

4.4.3 轴配置参数调整

机器人到达目标点,可能存在多种关节组合情况,即多种配置参数。合理地调整目标点参数配置对于整个路径的创建至关重要。在激光雕刻实训仿真中进行轴配置参数调整的具体操作步骤见表 4-9。

表 4-9 激光雕刻实训仿真轴配置参数调整操作步骤

序号	图 片 示 例	操 作 步 骤
1		开启目标点参数配置功能: 在界面左侧"路径和目标点"窗口中右击"Wobj1_of"目录下的任意一个目标点(此处选择 Target_10),在右键菜单中单击【参数配置】。
2		查看目标点参数配置: 在界面左侧"配置参数:Target_10"窗口中可看到该目标点的参数配置情况。

续表

序号	图 片 示 例	操 作 步 骤
3	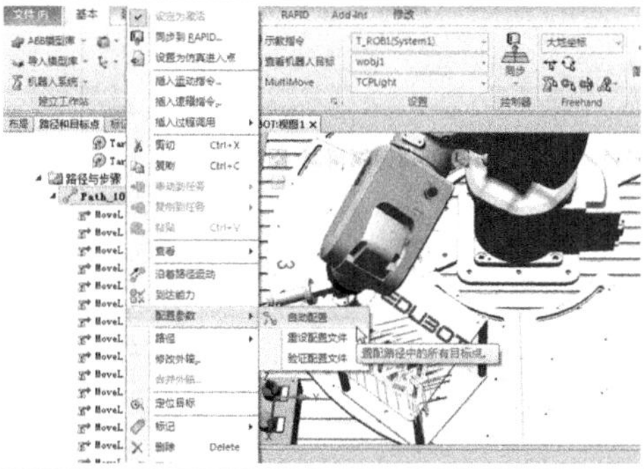	开启参数配置功能： 在界面左侧"路径和目标点"窗口中右击"路径与步骤"目录下的"Path_10"，在右键菜单中单击【配置参数】→【自动配置】。
4	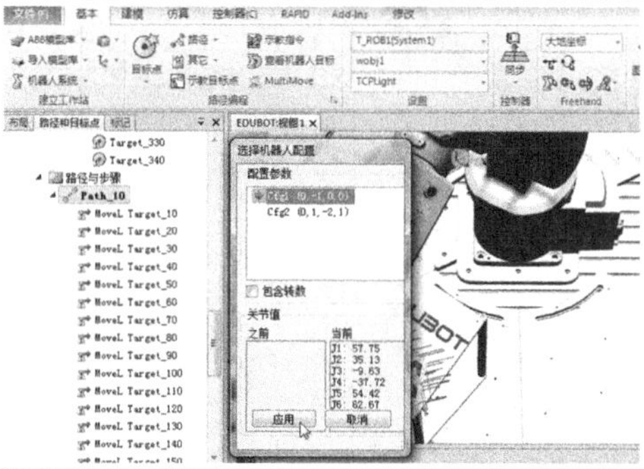	配置参数： ① 在弹出的"选择机器人配置"对话框中选择"Cfgl(0，−1,0,0)"。 ② 单击【应用】按钮，确定应用所选择的配置参数。

对于步骤 2，值得一提的是：如前文所述，机器人到达目标点时存在多种配置参数。若机器人能够到达当前目标点，则在轴配置列表中可查看到该目标点的轴配置参数。若机器人到达当前目标点时存在多种姿态，则可查看到多组配置参数。

说明：

步骤 3 提到的【自动配置】功能是将路径中所有的目标点进行调整，高版本中【自动配置】存在"线性/圆周移动指令"和"所有移动指令"两种选项，可选择"所有移动指令"选项进行路径中所有目标点的调整，也可根据情况自行选择。

4.4.4　路径完善

在上面的操作中我们完成了"HRG"字母边缘曲线路径的创建，现在还需要完善一下路径，即再添加一个接近点。在激光雕刻实训仿真中完善路径的具体操作步骤见表 4-10。

表 4-10　激光雕刻实训仿真路径完善操作步骤

序号	图 片 示 例	操 作 步 骤
1	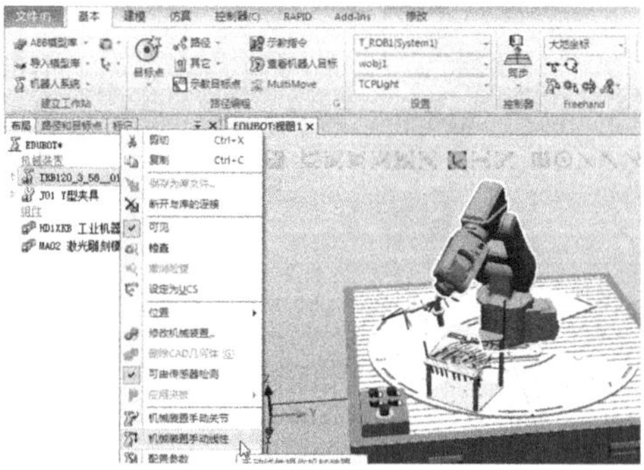	开启手动线性操作机械装置功能： 在界面左侧选择"布局"窗口，右击"IRB120_3_58 __01"，在右键菜单中单击【机械装置手动线性】。

序号	图片示例	操作步骤
2	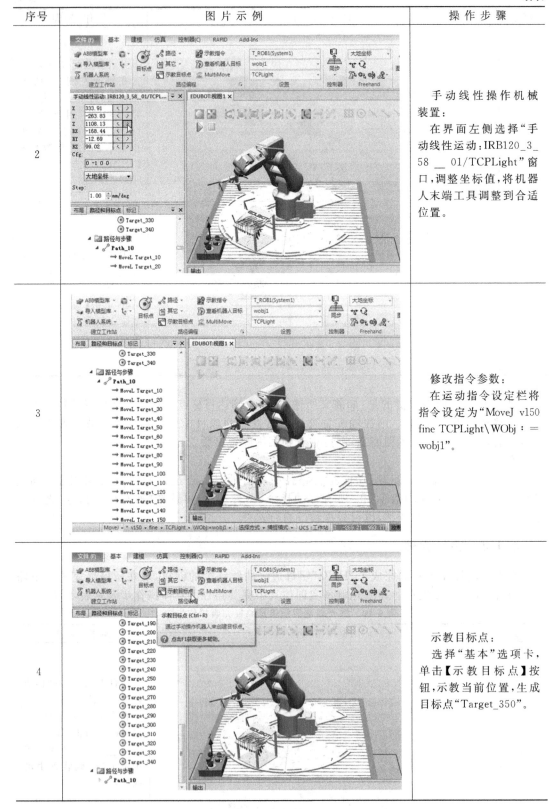	手动线性操作机械装置: 在界面左侧选择"手动线性运动:IRB120_3_58 __ 01/TCPLight"窗口,调整坐标值,将机器人末端工具调整到合适位置。
3		修改指令参数: 在运动指令设定栏将指令设定为"MoveJ v150 fine TCPLight\WObj:=wobj1"。
4		示教目标点: 选择"基本"选项卡,单击【示教目标点】按钮,示教当前位置,生成目标点"Target_350"。

续表

序号	图 片 示 例	操 作 步 骤
5	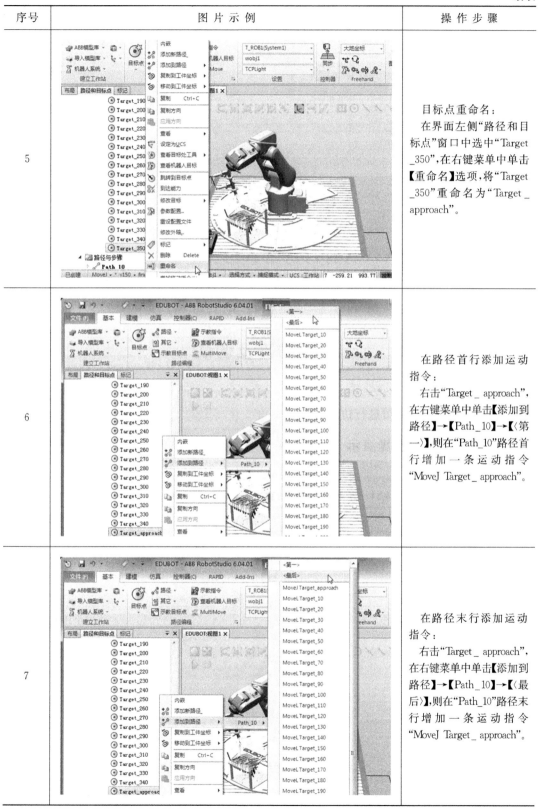	目标点重命名： 在界面左侧"路径和目标点"窗口中选中"Target_350"，在右键菜单中单击【重命名】选项，将"Target_350"重命名为"Target_approach"。
6		在路径首行添加运动指令： 右击"Target_approach"，在右键菜单中单击【添加到路径】→【Path_10】→【〈第一〉】，则在"Path_10"路径首行增加一条运动指令"MoveJ Target_approach"。
7		在路径末行添加运动指令： 右击"Target_approach"，在右键菜单中单击【添加到路径】→【Path_10】→【〈最后〉】，则在"Path_10"路径末行增加一条运动指令"MoveJ Target_approach"。

续表

序号	图 片 示 例	操 作 步 骤
8	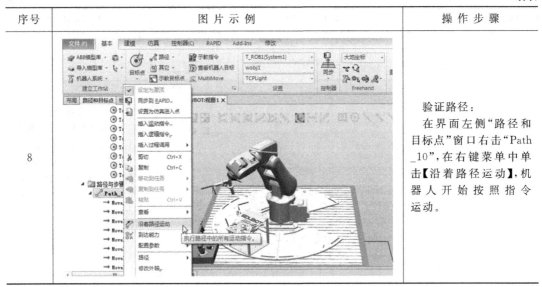	验证路径： 　在界面左侧"路径和目标点"窗口右击"Path_10"，在右键菜单中单击【沿着路径运动】，机器人开始按照指令运动。

4.5　仿真及调试

完成以上操作后，即可进行仿真及调试。

仿真及调试

4.5.1　工作站仿真演示

在激光雕刻实训仿真中，工作站仿真演示的具体操作步骤见表 4-11。

表 4-11　激光雕刻实训仿真工作站仿真演示操作步骤

序号	图 片 示 例	操 作 步 骤
1	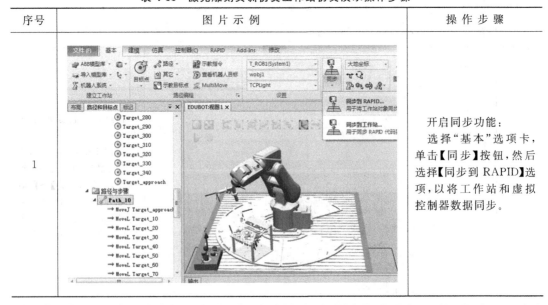	开启同步功能： 　选择"基本"选项卡，单击【同步】按钮，然后选择【同步到 RAPID】选项，以将工作站和虚拟控制器数据同步。

续表

序号	图 片 示 例	操 作 步 骤
2	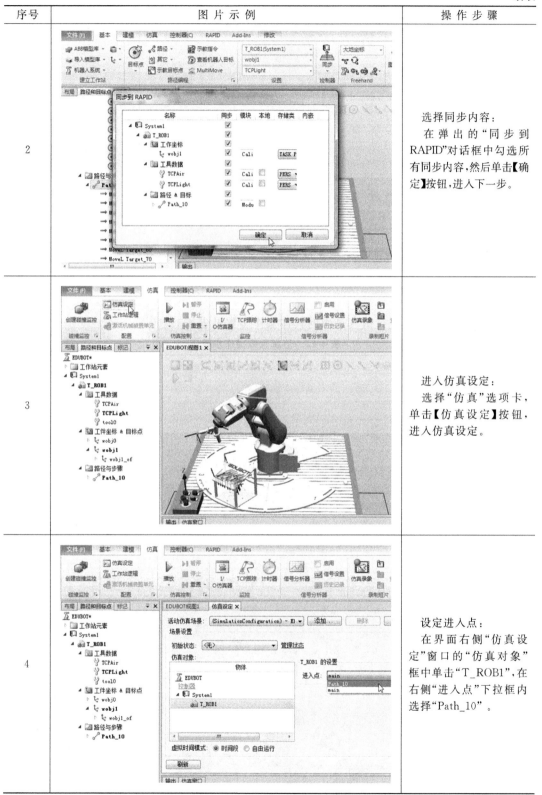	选择同步内容： 　在弹出的"同步到RAPID"对话框中勾选所有同步内容，然后单击【确定】按钮，进入下一步。
3		进入仿真设定： 　选择"仿真"选项卡，单击【仿真设定】按钮，进入仿真设定。
4		设定进入点： 　在界面右侧"仿真设定"窗口的"仿真对象"框中单击"T_ROB1"，在右侧"进入点"下拉框内选择"Path_10"。

序号	图 片 示 例	操 作 步 骤
5	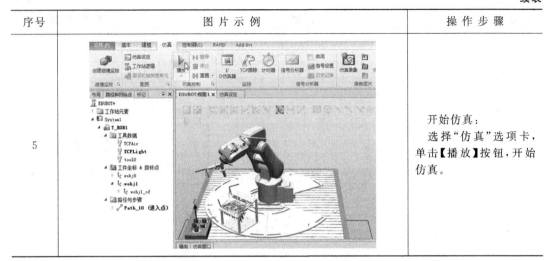	开始仿真: 选择"仿真"选项卡,单击【播放】按钮,开始仿真。

4.5.2 仿真录像

在激光雕刻实训中进行仿真录像的具体操作步骤见表4-12。

表 4-12 仿真录像操作步骤

序号	图 片 示 例	操 作 步 骤
1	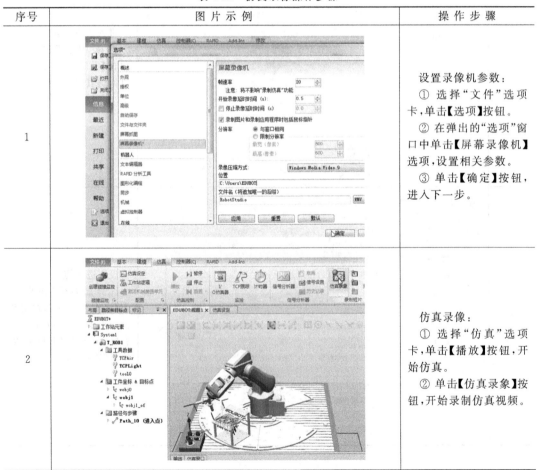	设置录像机参数: ① 选择"文件"选项卡,单击【选项】按钮。 ② 在弹出的"选项"窗口中单击【屏幕录像机】选项,设置相关参数。 ③ 单击【确定】按钮,进入下一步。
2		仿真录像: ① 选择"仿真"选项卡,单击【播放】按钮,开始仿真。 ② 单击【仿真录象】按钮,开始录制仿真视频。

4.5.3　录制视图

在激光雕刻实训仿真中录制视图的具体操作步骤见表 4-13。

表 4-13　激光雕刻实训仿真视图录制操作步骤

序号	图 片 示 例	操 作 步 骤
1	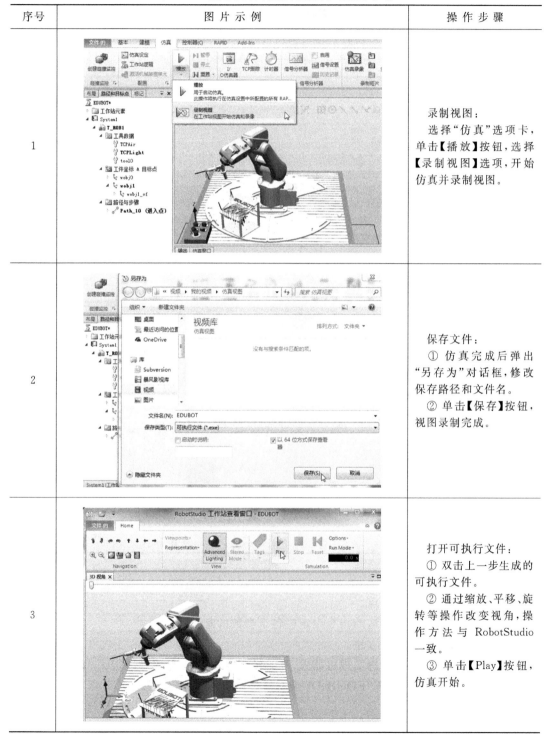	录制视图： 　选择"仿真"选项卡，单击【播放】按钮，选择【录制视图】选项，开始仿真并录制视图。
2		保存文件： 　① 仿真完成后弹出"另存为"对话框，修改保存路径和文件名。 　② 单击【保存】按钮，视图录制完成。
3		打开可执行文件： 　① 双击上一步生成的可执行文件。 　② 通过缩放、平移、旋转等操作改变视角，操作方法与 RobotStudio 一致。 　③ 单击【Play】按钮，仿真开始。

4.5.4 打包工作站

工作站打包文件可以在不同计算机上的 RobotStudio 软件中打开,以方便用户间的交流。在激光雕刻实训仿真中,打包工作站的具体操作步骤见表 4-14。

表 4-14　激光雕刻实训仿真打包工作站操作步骤

序号	图片示例	操作步骤
1		开启工作站打包功能: ① 选择"文件"选项卡,单击【保存工作站】。 ② 单击【共享】→【打包】。
2		选择文件并打包: 选择要打包的文件,单击【确定】按钮,开始打包。

思考与练习

1. 简述工件坐标系的优点。

2. 简述软件界面底部的运动指令设定栏各个参数的意义。

3. 简述修改工具坐标系方法。

4. 请使用不同的工具姿态实现机器人 TCP 沿着"HRG"字母边缘绕行。

5. 完成机器人 TCP 沿着"EDUBOT"字母边缘绕行的程序。

第 5 章　焊接实训仿真

本章要点

- 加载工业机器人及周边模型；
- 创建系统；
- 创建坐标系；
- 创建自动路径；
- 示教指令；
- 调整目标点；
- 调整轴配置参数；
- 仿真演示；
- 录制视频和制作可执行文件；
- 文件共享。

本章进行焊接实训仿真，任务是沿着指定的边界曲线创建运动轨迹并进行仿真演示。要完成本实训仿真，需要进行焊接实训工作站搭建、机器人系统创建、坐标系创建、焊接路径创建、仿真及调试这五个部分的操作。通过本章的学习，用户可以掌握模型的导入和安装、坐标系的创建、自动路径创建、目标点参数修改、仿真及调试等操作的技巧。

5.1　焊接实训工作站搭建

要完成仿真任务，用户首先需要将涉及的机械模型加载到工作站中。焊接实训工作台搭建包括以下内容：

（1）实训台安装；

（2）机器人安装；

（3）工具安装；

（4）焊接实训模块安装。

焊接实训工作站
搭建

5.1.1　实训台安装

本章所涉及的机器人和实训模块都要安装到"HD1XKB 工业机器人技能考核实训台"上，因此需要先安装实训台。焊接实训台的具体操作步骤见表 5-1。

表 5-1　焊接实训台安装操作步骤

序号	图 片 示 例	操 作 步 骤
1	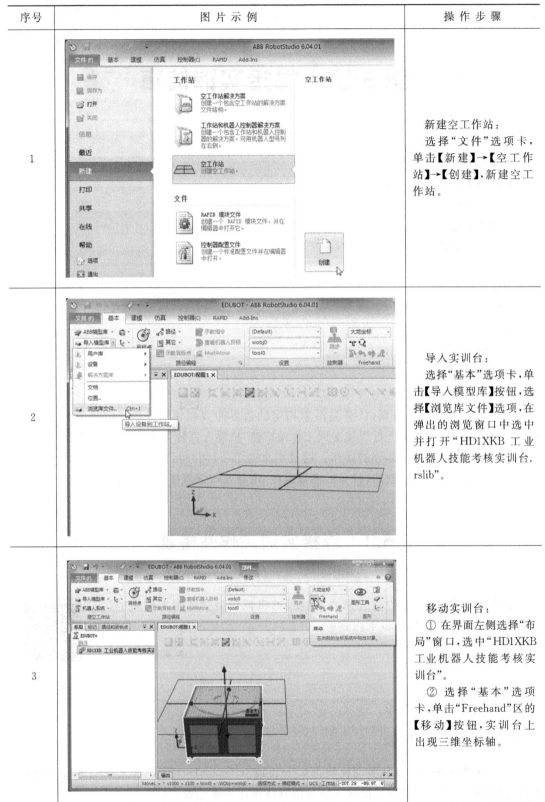	新建空工作站： 　选择"文件"选项卡，单击【新建】→【空工作站】→【创建】，新建空工作站。
2		导入实训台： 　选择"基本"选项卡，单击【导入模型库】按钮，选择【浏览库文件】选项，在弹出的浏览窗口中选中并打开"HD1XKB 工业机器人技能考核实训台.rslib"。
3		移动实训台： 　① 在界面左侧选择"布局"窗口，选中"HD1XKB 工业机器人技能考核实训台"。 　② 选择"基本"选项卡，单击"Freehand"区的【移动】按钮，实训台上出现三维坐标轴。

序号	图 片 示 例	操 作 步 骤
4	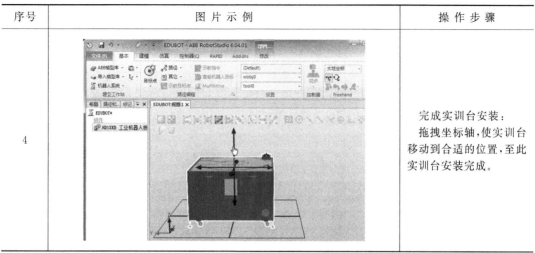	完成实训台安装： 拖拽坐标轴，使实训台移动到合适的位置，至此实训台安装完成。

5.1.2　机器人安装

在不同的虚拟仿真任务中，用户需要根据任务要求和作业环境，选择合适的机器人。本章选择的是 IRB 120 机器人。安装 IRB 120 机器人的操作步骤见表 5-2。

表 5-2　焊接实训仿真机器人安装操作步骤

序号	图 片 示 例	操 作 步 骤
1	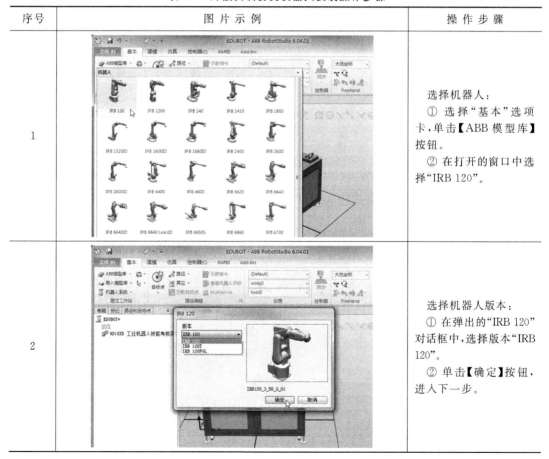	选择机器人： ① 选择"基本"选项卡，单击【ABB 模型库】按钮。 ② 在打开的窗口中选择"IRB 120"。
2		选择机器人版本： ① 在弹出的"IRB 120"对话框中，选择版本"IRB 120"。 ② 单击【确定】按钮，进入下一步。

序号	图片示例	操作步骤
3	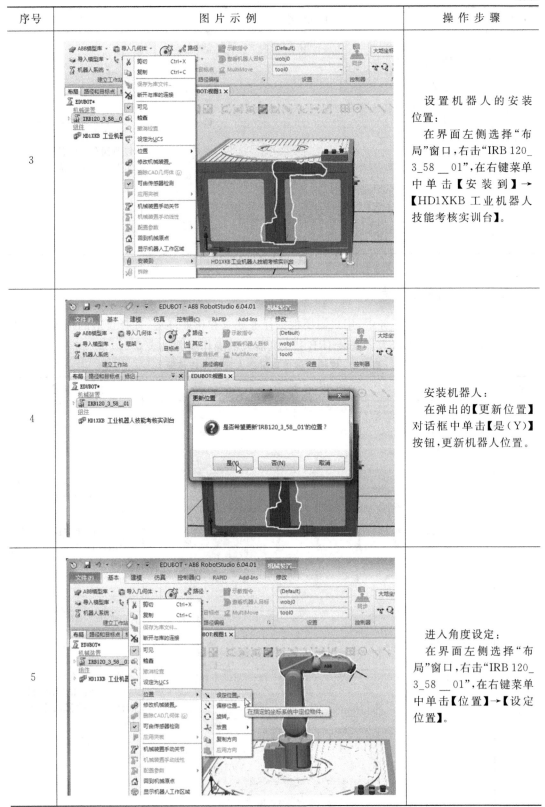	设置机器人的安装位置: 在界面左侧选择"布局"窗口,右击"IRB 120_3_58_01",在右键菜单中单击【安装到】→【HD1XKB 工业机器人技能考核实训台】。
4		安装机器人: 在弹出的【更新位置】对话框中单击【是(Y)】按钮,更新机器人位置。
5		进入角度设定: 在界面左侧选择"布局"窗口,右击"IRB 120_3_58_01",在右键菜单中单击【位置】→【设定位置】。

续表

序号	图 片 示 例	操 作 步 骤
6	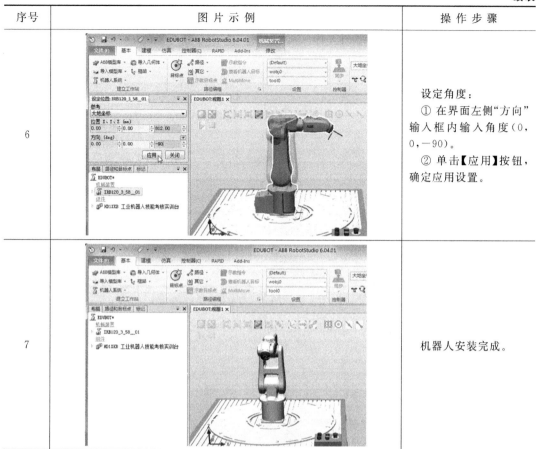	设定角度： ① 在界面左侧"方向"输入框内输入角度（0，0，−90）。 ② 单击【应用】按钮，确定应用设置。
7	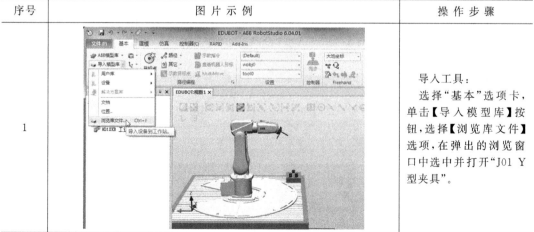	机器人安装完成。

5.1.3　工具安装

针对不同的虚拟仿真任务，用户需要根据任务要求和作业环境，选择合适的工具。本章选择的是 J01 Y 型夹具。安装 J01 Y 型夹具的操作步骤见表 5-3。

表 5-3　焊接实训仿真工具安装操作步骤

序号	图 片 示 例	操 作 步 骤
1	导入工具： 选择"基本"选项卡，单击【导入模型库】按钮，选择【浏览库文件】选项，在弹出的浏览窗口中选中并打开"J01 Y 型夹具"。	

序号	图片示例	操作步骤
2	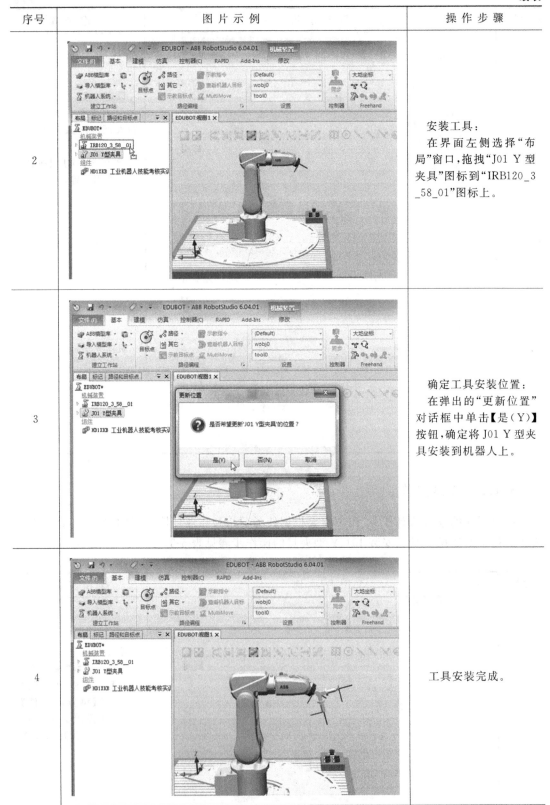	安装工具： 　　在界面左侧选择"布局"窗口，拖拽"J01 Y型夹具"图标到"IRB120_3_58_01"图标上。
3		确定工具安装位置： 　　在弹出的"更新位置"对话框中单击【是（Y）】按钮，确定将 J01 Y型夹具安装到机器人上。
4		工具安装完成。

5.1.4　焊接实训模块安装

本任务选择安装 MA03 焊接实训模块。该实训模块上的焊接工件是由薄板点焊而成的焊接件。用户可以进行沿着外缝竖直向下焊接实训和外四周平角满焊实训。安装焊接实训模块的具体操作步骤见表 5-4。

表 5-4　焊接实训模块安装操作步骤

序号	图 片 示 例	操 作 步 骤
1		导入实训模块： 打开"基本"选项卡，单击【导入模型库】按钮，选择【浏览库文件】选项，在弹出的浏览窗口中选中并打开"MA03工件焊接模块. rslib"。
2		开启移动实训模块功能： ① 在界面左侧选择"布局"窗口，选中"MA03 工件焊接模块"。 ② 选择"基本"选项卡，单击"Freehand"区的【移动】按钮，实训模块上出现三维坐标轴。
3		移动实训模块： 拖拽实训模块到合适的位置。

续表

序号	图 片 示 例	操 作 步 骤
4	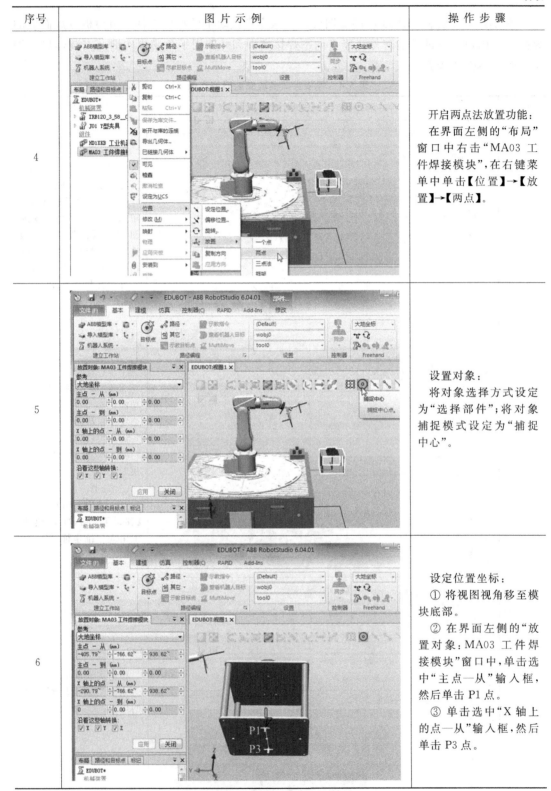	开启两点法放置功能： 在界面左侧的"布局"窗口中右击"MA03 工件焊接模块"，在右键菜单中单击【位置】→【放置】→【两点】。
5		设置对象： 将对象选择方式设定为"选择部件"；将对象捕捉模式设定为"捕捉中心"。
6		设定位置坐标： ① 将视图视角移至模块底部。 ② 在界面左侧的"放置对象：MA03 工件焊接模块"窗口中，单击选中"主点—从"输入框，然后单击 P1 点。 ③ 单击选中"X 轴上的点—从"输入框，然后单击 P3 点。

续表

序号	图 片 示 例	操 作 步 骤
7	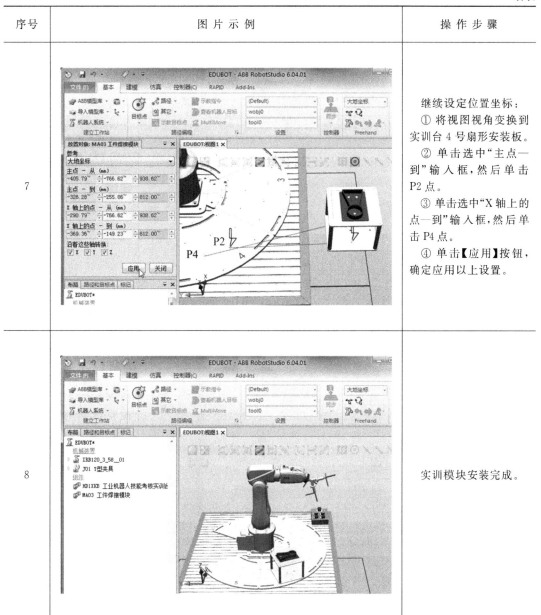	继续设定位置坐标： ① 将视图视角变换到实训台 4 号扇形安装板。 ② 单击选中"主点—到"输入框，然后单击 P2 点。 ③ 单击选中"X 轴上的点—到"输入框，然后单击 P4 点。 ④ 单击【应用】按钮，确定应用以上设置。
8		实训模块安装完成。

5.2　机器人系统创建

搭建完工作站后需要为机器人加载系统，建立虚拟控制器，使其具有相关的电气特性，以完成对应的仿真操作。

机器人系统创建的具体操作步骤见表 5-5。

机器人系统创建

表 5-5 焊接实训仿真机器人系统创建操作步骤

序号	图 片 示 例	操 作 步 骤
1	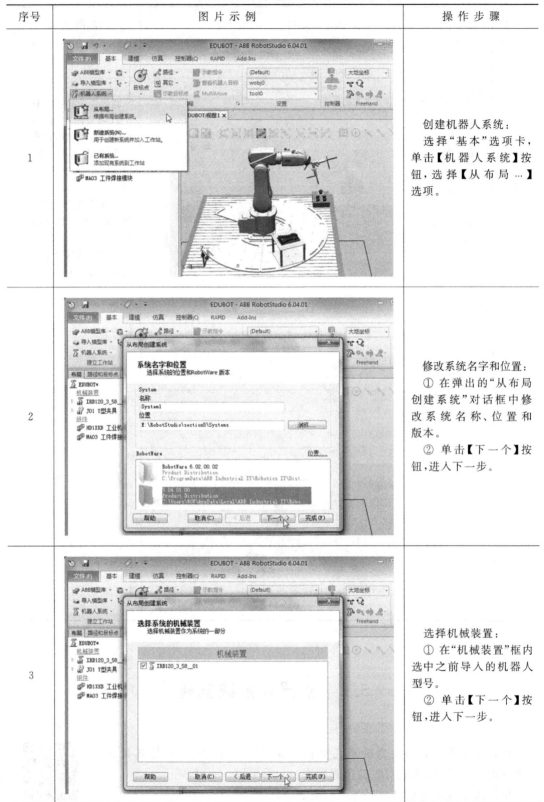	创建机器人系统： 选择"基本"选项卡，单击【机器人系统】按钮，选择【从布局…】选项。
2		修改系统名字和位置： ① 在弹出的"从布局创建系统"对话框中修改系统名称、位置和版本。 ② 单击【下一个】按钮，进入下一步。
3		选择机械装置： ① 在"机械装置"框内选中之前导入的机器人型号。 ② 单击【下一个】按钮，进入下一步。

续表

序号	图 片 示 例	操作步骤
4	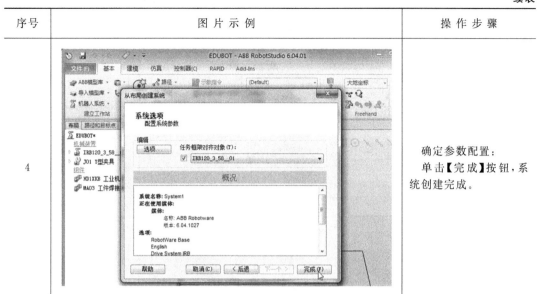	确定参数配置： 单击【完成】按钮，系统创建完成。

5.3 坐标系创建

创建完机器人系统后可以创建相关的坐标系，为后续的编程示教操作做准备。本节创建的是工件坐标系。

坐标系创建

坐标系创建的具体操作步骤见表 5-6。

表 5-6 焊接实训仿真坐标系创建操作步骤

序号	图 片 示 例	操作步骤
1	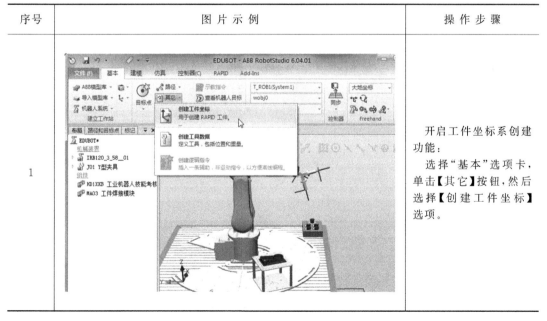	开启工件坐标系创建功能： 选择"基本"选项卡，单击【其它】按钮，然后选择【创建工件坐标】选项。

序号	图 片 示 例	操 作 步 骤
2	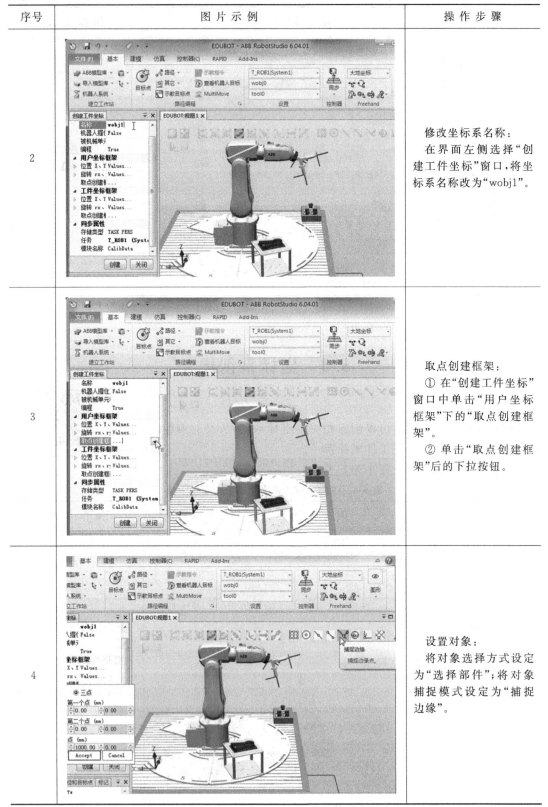	修改坐标系名称： 　在界面左侧选择"创建工件坐标"窗口，将坐标系名称改为"wobj1"。
3		取点创建框架： ① 在"创建工件坐标"窗口中单击"用户坐标框架"下的"取点创建框架"。 ② 单击"取点创建框架"后的下拉按钮。
4		设置对象： 　将对象选择方式设定为"选择部件"；将对象捕捉模式设定为"捕捉边缘"。

序号	图 片 示 例	操 作 步 骤
5	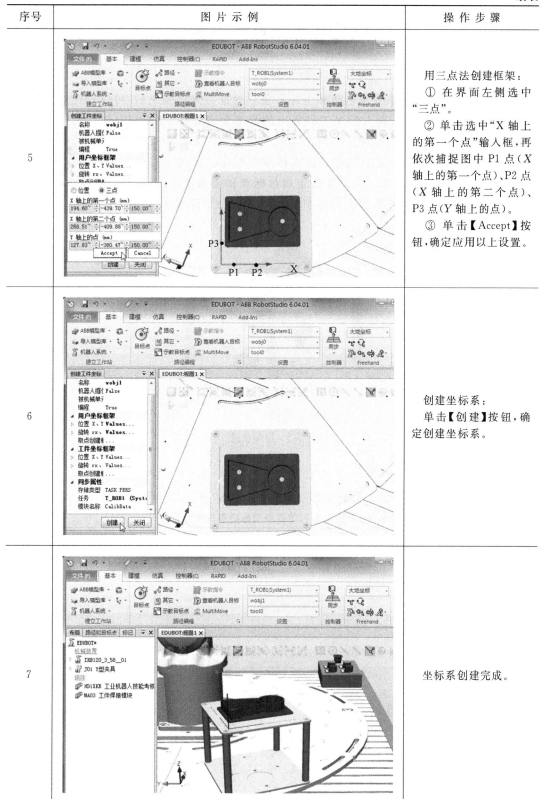	用三点法创建框架： ① 在界面左侧选中"三点"。 ② 单击选中"X 轴上的第一个点"输入框，再依次捕捉图中 P1 点（X 轴上的第一个点）、P2 点（X 轴上的第二个点）、P3 点（Y 轴上的点）。 ③ 单击【Accept】按钮，确定应用以上设置。
6		创建坐标系： 单击【创建】按钮，确定创建坐标系。
7		坐标系创建完成。

5.4 焊接路径创建

在工作站搭建、机器人系统创建和坐标系创建等准备操作完成后,可以创建焊接路径。焊接实训仿真任务要求机器人激光工具发出的激光沿着焊接工件外边缘运动(如图 5-1 中白色曲线所示),模拟实际焊接动作。本任务仅创建和演示机器人末端工具的运动轨迹。在本任务中创建路径的方法是先利用 RobotStudio 的自动路径功能快速生成目标点和运动指令,然后逐个修改目标点的参数,保证机器人能够顺利运行,最后完善路径。

焊接路径创建

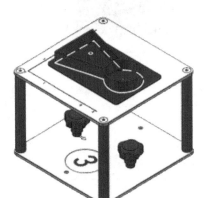

图 5-1　焊接轨迹

5.4.1　自动路径创建

在焊接实训仿真中创建自动路径的具体操作步骤见表 5-7。

表 5-7　焊接实训仿真自动路径创建操作步骤

序号	图 片 示 例	操 作 步 骤
1	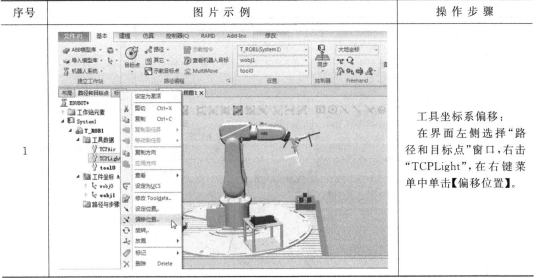	工具坐标系偏移: 在界面左侧选择"路径和目标点"窗口,右击"TCPLight",在右键菜单中单击【偏移位置】。

续表

序号	图 片 示 例	操 作 步 骤
2	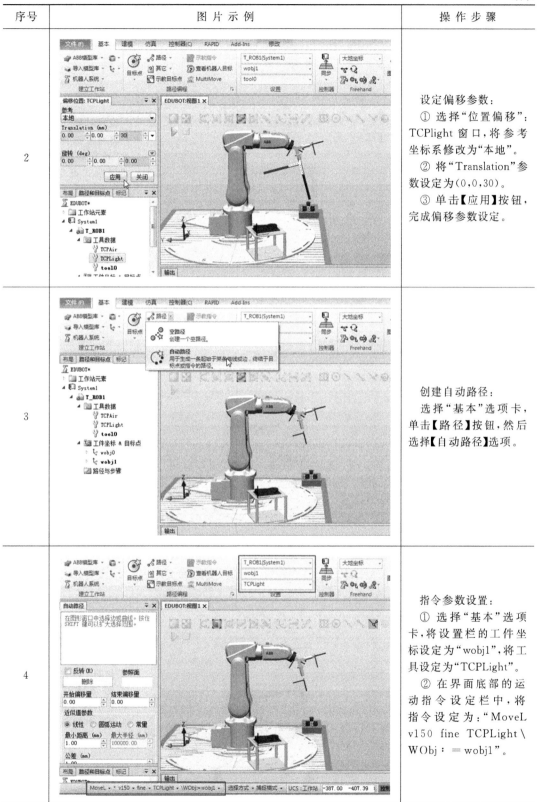	设定偏移参数： ① 选择"位置偏移"：TCPlight 窗口，将参考坐标系修改为"本地"。 ② 将"Translation"参数设定为(0,0,30)。 ③ 单击【应用】按钮，完成偏移参数设定。
3		创建自动路径： 选择"基本"选项卡，单击【路径】按钮，然后选择【自动路径】选项。
4		指令参数设置： ① 选择"基本"选项卡，将设置栏的工件坐标设定为"wobj1"，将工具设定为"TCPLight"。 ② 在界面底部的运动指令设定栏中，将指令设定为："MoveL v150 fine TCPLight \ WObj：＝wobj1"。

续表

序号	图 片 示 例	操 作 步 骤
5		设置对象: 将对象选择方式设定为"选择表面";将对象捕捉模式设定为"捕捉边缘"。
6		捕捉第一组边缘曲线: 顺着焊接工件的边缘,捕捉三条直线边缘。
7		选取参照面: ① 取消捕捉边缘。 ② 单击"自动路径"窗口中的"参照面"输入框,在界面右侧视图中单击工件上表面,将其选定为参照面。

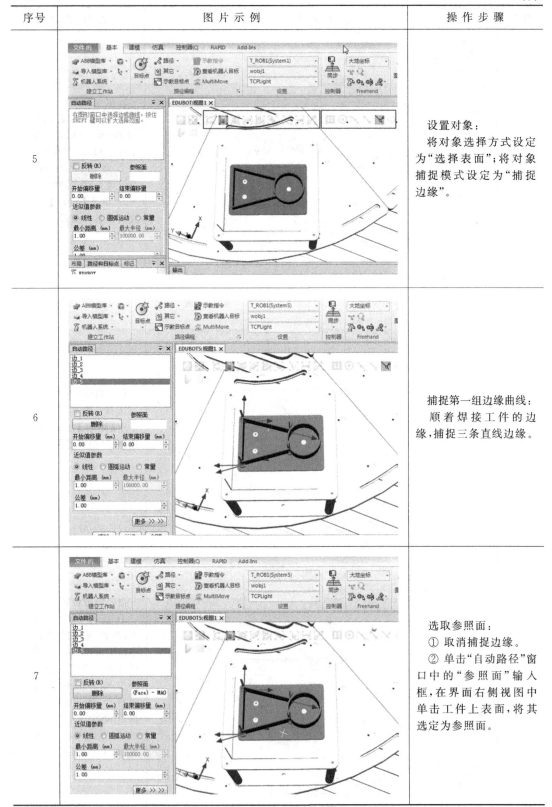

序号	图 片 示 例	操 作 步 骤
8	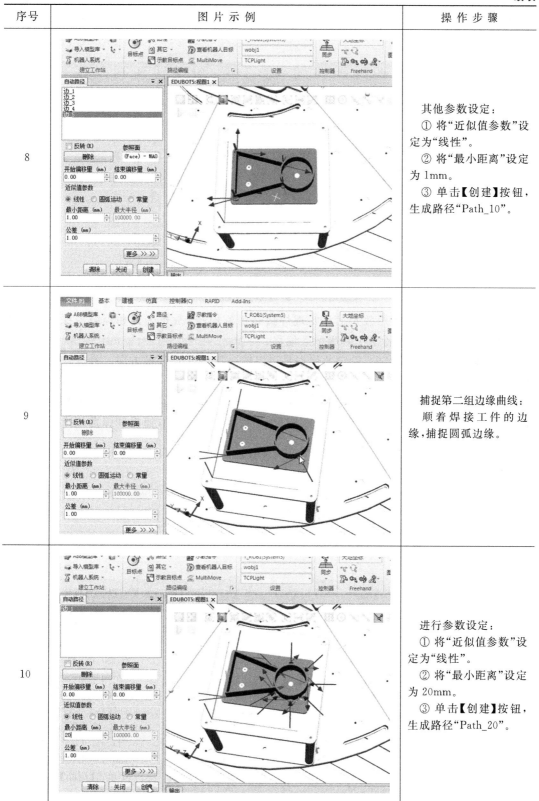	其他参数设定： ① 将"近似值参数"设定为"线性"。 ② 将"最小距离"设定为 1mm。 ③ 单击【创建】按钮，生成路径"Path_10"。
9		捕捉第二组边缘曲线： 顺着焊接工件的边缘，捕捉圆弧边缘。
10		进行参数设定： ① 将"近似值参数"设定为"线性"。 ② 将"最小距离"设定为 20mm。 ③ 单击【创建】按钮，生成路径"Path_20"。

序号	图片示例	操作步骤
11	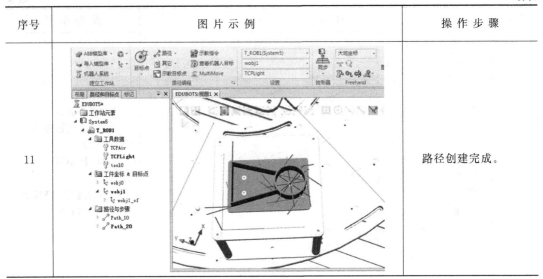	路径创建完成。

说明：

（1）由于此实训是利用激光工具实现焊接路径的模拟，激光工具和焊缝需保持一定距离，所以在操作开始时进行了工具坐标系偏移。

（2）参照面可以不设定。设定的优点是可以统一目标点的 Z 轴方向。目标点 Z 轴方向垂直于参照面。

（3）原本捕捉曲线路径时，应该将近似值参数设定为圆弧运动，但是在本操作中由于圆弧的圆心角过大，机器人无法一次性顺利通过，所以通过步骤 10，捕捉圆弧曲线上的数个路径点，将曲线分成多段。

5.4.2 目标点调整

在焊接实训仿真中调整目标点的具体操作步骤见表 5-8。

表 5-8 焊接实训仿真目标点调整操作步骤

序号	图片示例	操作步骤
1		删除目标点： ① 在界面左侧"路径和目标点"窗口中依次展开"T_ROB1"→"工件坐标 & 目标点"→"wobj1"→"wobj1_of"，可看到自动生成的各个目标点。 ② 选中"Target_90"、"Target_110"、"Target_130"，右击，在右键菜单中单击【删除】。

续表

序号	图 片 示 例	操作步骤
2	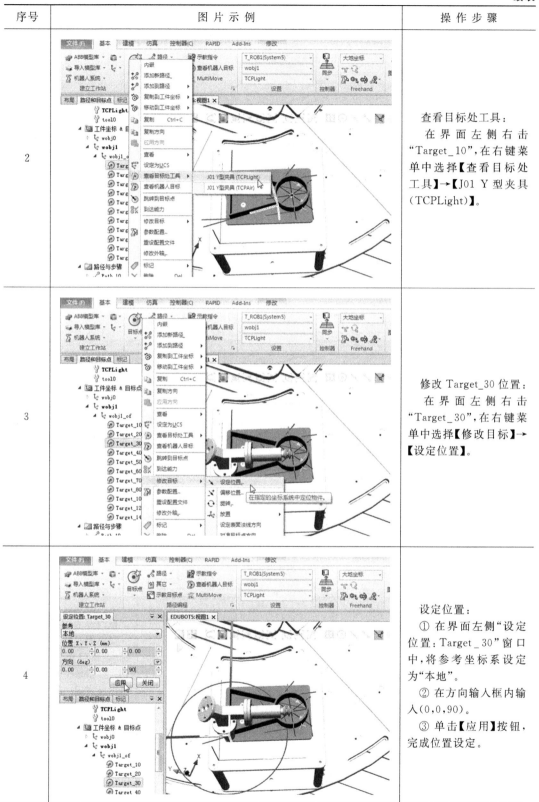	查看目标处工具： 　在界面左侧右击"Target_10"，在右键菜单中选择【查看目标处工具】→【J01 Y 型夹具（TCPLight）】。
3		修改 Target_30 位置： 　在界面左侧右击"Target_30"，在右键菜单中选择【修改目标】→【设定位置】。
4		设定位置： ① 在界面左侧"设定位置：Target_30"窗口中，将参考坐标系设定为"本地"。 ② 在方向输入框内输入（0，0，90）。 ③ 单击【应用】按钮，完成位置设定。

续表

序号	图 片 示 例	操作步骤
5	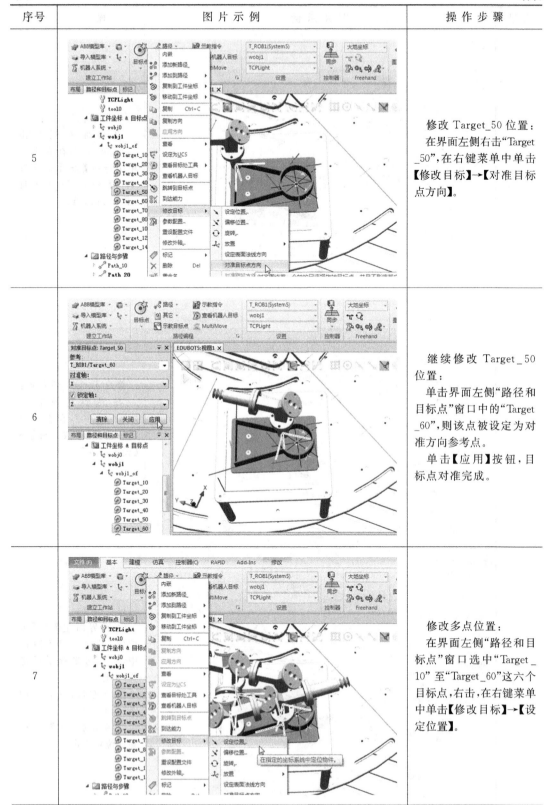	修改 Target_50 位置: 在界面左侧右击"Target_50",在右键菜单中单击【修改目标】→【对准目标点方向】。
6		继续修改 Target_50 位置: 单击界面左侧"路径和目标点"窗口中的"Target_60",则该点被设定为对准方向参考点。 单击【应用】按钮,目标点对准完成。
7		修改多点位置: 在界面左侧"路径和目标点"窗口选中"Target_10"至"Target_60"这六个目标点,右击,在右键菜单中单击【修改目标】→【设定位置】。

续表

序号	图片示例	操作步骤
8	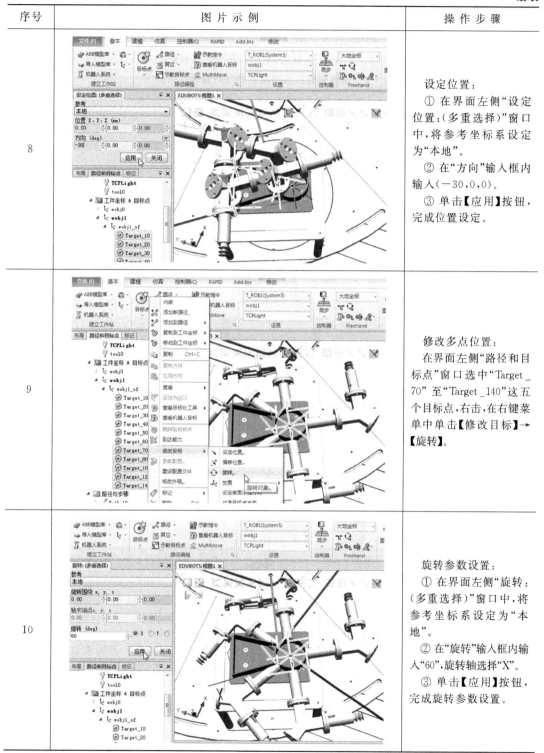	设定位置： ① 在界面左侧"设定位置：(多重选择)"窗口中，将参考坐标系设定为"本地"。 ② 在"方向"输入框内输入($-30,0,0$)。 ③ 单击【应用】按钮，完成位置设定。
9		修改多点位置： 在界面左侧"路径和目标点"窗口选中"Target_70"至"Target_140"这五个目标点，右击，在右键菜单中单击【修改目标】→【旋转】。
10		旋转参数设置： ① 在界面左侧"旋转：(多重选择)"窗口中，将参考坐标系设定为"本地"。 ② 在"旋转"输入框内输入"60"，旋转轴选择"X"。 ③ 单击【应用】按钮，完成旋转参数设置。

说明：

示教两段连续的圆弧路径只需五个路径点即可，因此要在步骤 1 中删除多余的曲线路径点。

5.4.3 轴配置参数调整

机器人到达目标点,可能存在多种关节组合情况,即多种配置参数。合理地调整目标点参数配置对于整个路径的创建至关重要。在焊接实训仿真中调整轴配置参数的具体操作步骤见表5-9。

表5-9 焊接实训仿真轴配置参数调整操作步骤

序号	图片示例	操作步骤
1		开始自动配置 Path_10 参数: 在界面左侧右击"路径与步骤"窗口中的"Path_10",在右键菜单中单击【配置参数】→【自动配置】。
2		自动配置 Path_10 参数: ① 在弹出的"选择机器人配置"对话框中选择"Cfg1(−1,0,−2,0)"。 ② 单击【应用】按钮,完成自动配置参数。
3		开始配置 Target_50 参数: 在界面左侧"路径和目标点"窗口中右击"MoveL Target_50",在右键菜单中单击【修改指令】→【参数配置】。

序号	图 片 示 例	操作步骤
4	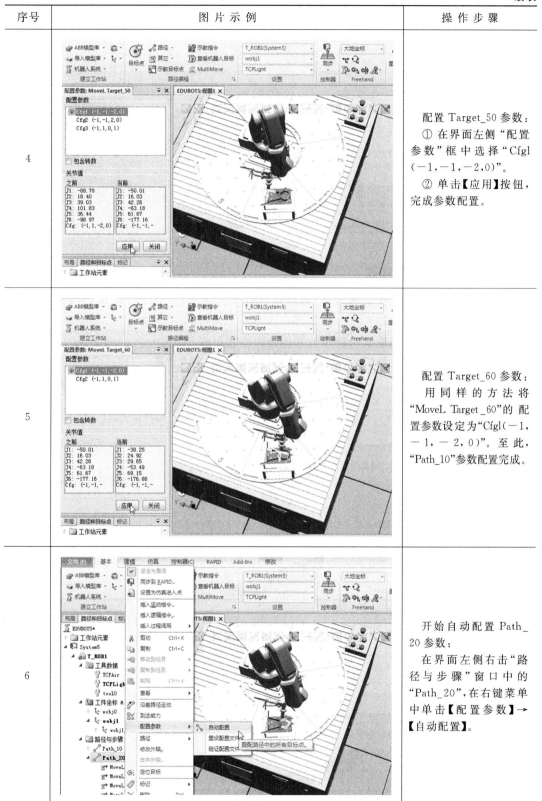	配置 Target_50 参数： ① 在界面左侧"配置参数"框中选择"Cfgl（−1，−1，−2，0）"。 ② 单击【应用】按钮，完成参数配置。
5		配置 Target_60 参数： 用同样的方法将"MoveL Target_60"的配置参数设定为"Cfgl（−1，−1，−2，0）"。至此，"Path_10"参数配置完成。
6		开始自动配置 Path_20 参数： 在界面左侧右击"路径与步骤"窗口中的"Path_20"，在右键菜单中单击【配置参数】→【自动配置】。

序号	图 片 示 例	操作步骤
7	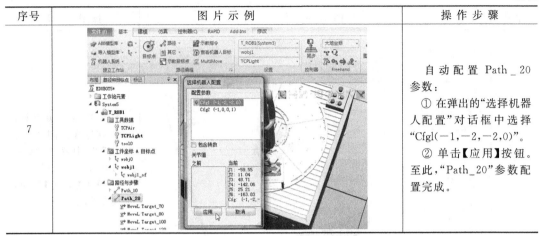	自动配置 Path_20 参数： ① 在弹出的"选择机器人配置"对话框中选择"Cfgl(−1,−2,−2,0)"。 ② 单击【应用】按钮。至此,"Path_20"参数配置完成。

5.4.4　运动程序修改

要实现完整的焊接仿真运动路径,需要将已有的两条路径合并,并添加相应的起始点、结束点、过渡点。

在焊接实训仿真中修改运动程序的具体操作步骤见表 5-10。

表 5-10　焊接实训仿真运动程序修改操作步骤

序号	图 片 示 例	操作步骤
1		开始编辑 Target_70 指令： 在界面左侧"路径和目标点"窗口中右击"MoveL Target_70",在右键菜单中单击【编辑指令】。
2		编辑 Target_70 指令： ① 在界面左侧"编辑指令：Morel Target_70"窗口中,将动作类型设置为"Joint"。 ② 单击【应用】按钮,完成设置。

序号	图 片 示 例	操作步骤
3	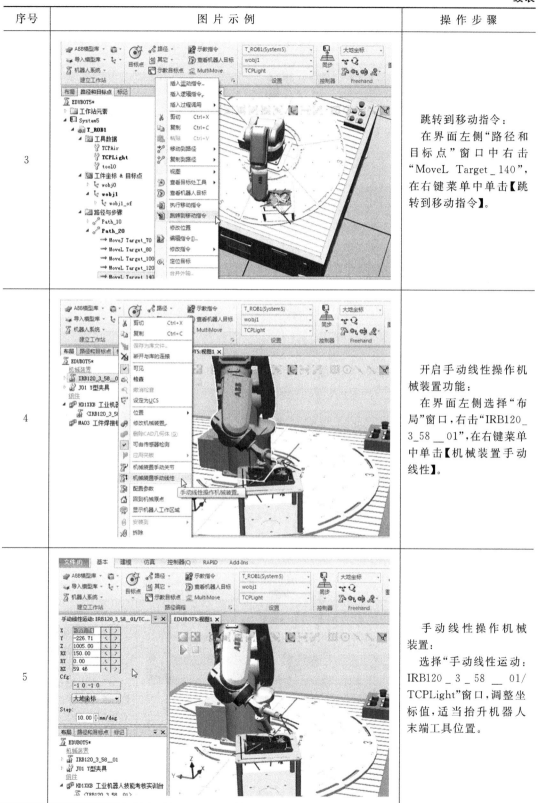	跳转到移动指令： 在界面左侧"路径和目标点"窗口中右击"MoveL Target_140"，在右键菜单中单击【跳转到移动指令】。
4		开启手动线性操作机械装置功能： 在界面左侧选择"布局"窗口，右击"IRB120_3_58__01"，在右键菜单中单击【机械装置手动线性】。
5		手动线性操作机械装置： 选择"手动线性运动：IRB120_3_58__01/TCPLight"窗口，调整坐标值，适当抬升机器人末端工具位置。

序号	图片示例	操作步骤
6	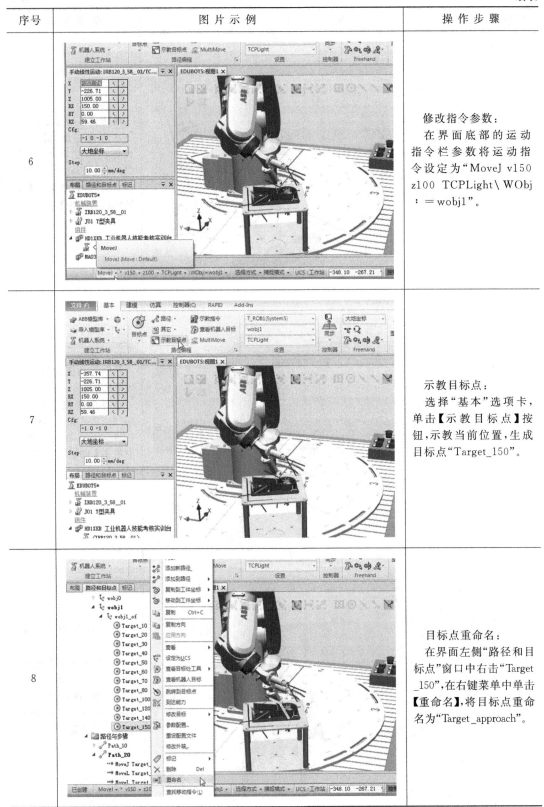	修改指令参数： 　在界面底部的运动指令栏参数将运动指令设定为"MoveJ v150 z100 TCPLight\WObj：=wobj1"。
7		示教目标点： 　选择"基本"选项卡，单击【示教目标点】按钮，示教当前位置，生成目标点"Target_150"。
8		目标点重命名： 　在界面左侧"路径和目标点"窗口中右击"Target_150"，在右键菜单中单击【重命名】，将目标点重命名为"Target_approach"。

序号	图 片 示 例	操 作 步 骤
9	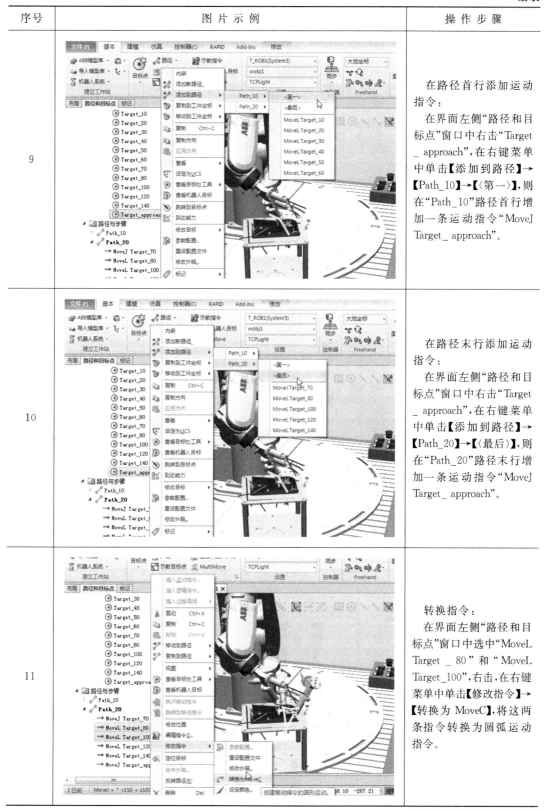	在路径首行添加运动指令： 在界面左侧"路径和目标点"窗口中右击"Target_approach"，在右键菜单中单击【添加到路径】→【Path_10】→〈第一〉，则在"Path_10"路径首行增加一条运动指令"MoveJ Target_approach"。
10		在路径末行添加运动指令： 在界面左侧"路径和目标点"窗口中右击"Target_approach"，在右键菜单中单击【添加到路径】→【Path_20】→〈最后〉，则在"Path_20"路径末行增加一条运动指令"MoveJ Target_approach"。
11		转换指令： 在界面左侧"路径和目标点"窗口中选中"MoveL Target_80"和"MoveL Target_100"，右击，在右键菜单中单击【修改指令】→【转换为 MoveC】，将这两条指令转换为圆弧运动指令。

序号	图 片 示 例	操 作 步 骤
12	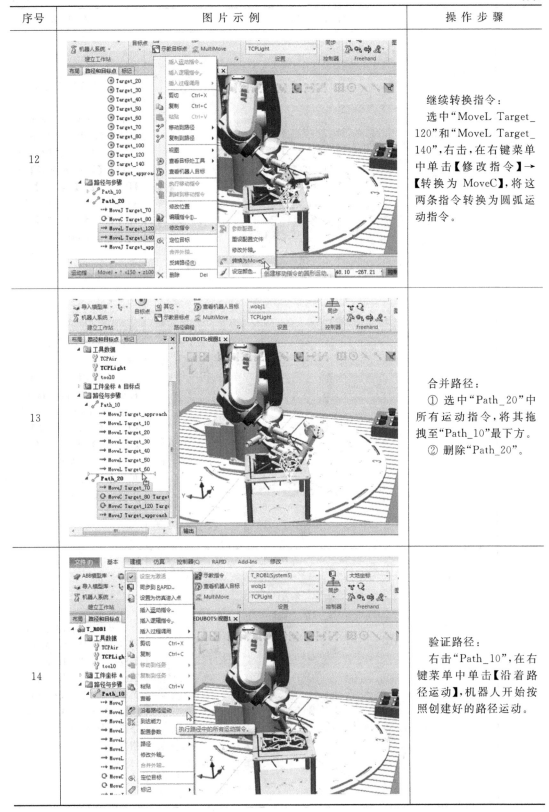	继续转换指令: 选中"MoveL Target_120"和"MoveL Target_140",右击,在右键菜单中单击【修改指令】→【转换为 MoveC】,将这两条指令转换为圆弧运动指令。
13		合并路径: ① 选中"Path_20"中所有运动指令,将其拖拽至"Path_10"最下方。 ② 删除"Path_20"。
14		验证路径: 右击"Path_10",在右键菜单中单击【沿着路径运动】,机器人开始按照创建好的路径运动。

5.5 仿真及调试

完成路径创建后,即可进行仿真及调试。通过仿真演示,用户可以直观地看到机器人的运动情况,为后续的项目实施或者优化提供依据。RobotStudio 仿真软件还提供了仿真录像、视图录制和打包等功能,以方便用户之间进行交流讨论。

仿真及调试

5.5.1 工作站仿真演示

在焊接实训仿真中,工作站仿真演示的具体操作步骤见表 5-11。

表 5-11 焊接实训仿真工作站仿真演示操作步骤

序号	图 片 示 例	操 作 步 骤
1	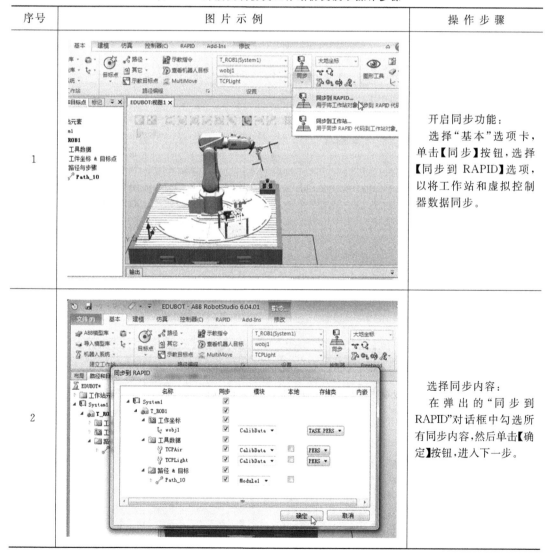	开启同步功能: 选择"基本"选项卡,单击【同步】按钮,选择【同步到 RAPID】选项,以将工作站和虚拟控制器数据同步。
2		选择同步内容: 在弹出的"同步到 RAPID"对话框中勾选所有同步内容,然后单击【确定】按钮,进入下一步。

序号	图片示例	操作步骤
3	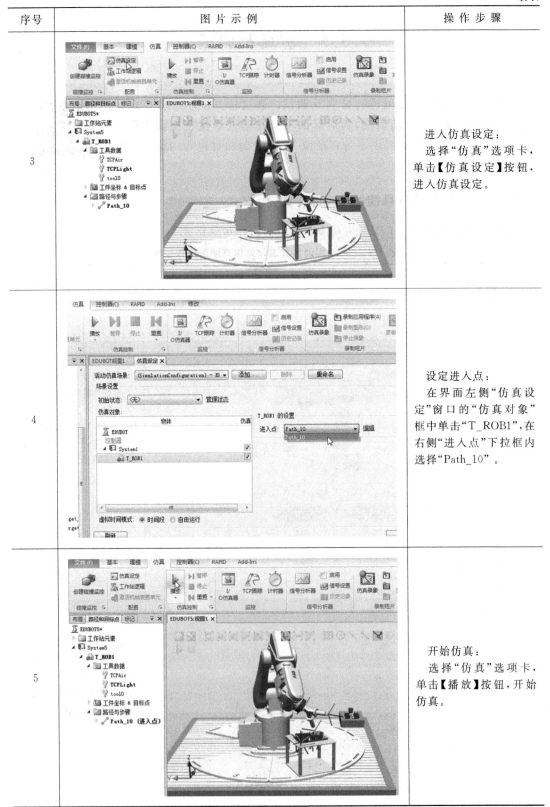	进入仿真设定: 选择"仿真"选项卡,单击【仿真设定】按钮,进入仿真设定。
4		设定进入点: 在界面左侧"仿真设定"窗口的"仿真对象"框中单击"T_ROB1",在右侧"进入点"下拉框内选择"Path_10"。
5		开始仿真: 选择"仿真"选项卡,单击【播放】按钮,开始仿真。

5.5.2　仿真录像

在焊接实训仿真中进行仿真录像的具体操作步骤见表 5-12。

表 5-12　焊接实训仿真中仿真录像操作步骤

序号	图 片 示 例	操 作 步 骤
1	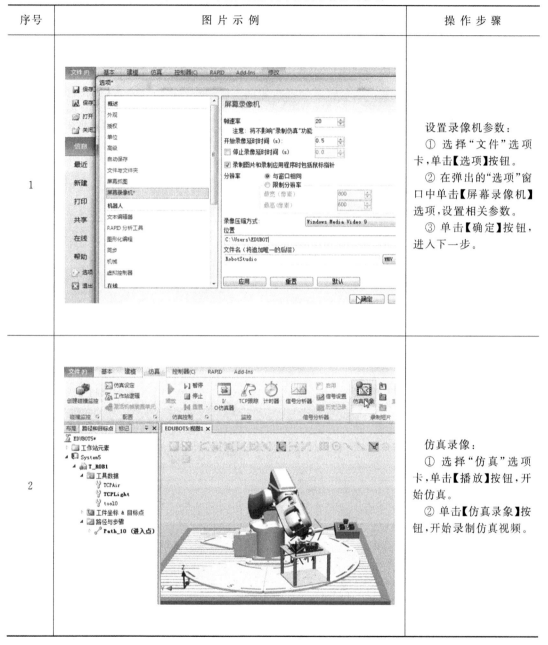	设置录像机参数： ① 选择"文件"选项卡，单击【选项】按钮。 ② 在弹出的"选项"窗口中单击【屏幕录像机】选项，设置相关参数。 ③ 单击【确定】按钮，进入下一步。
2		仿真录像： ① 选择"仿真"选项卡，单击【播放】按钮，开始仿真。 ② 单击【仿真录象】按钮，开始录制仿真视频。

5.5.3　录制视图

在焊接实训仿真中录制视图的操作步骤见表 5-13。

表 5-13　焊接实训仿真视图录制操作步骤

序号	图 片 示 例	操 作 步 骤
1	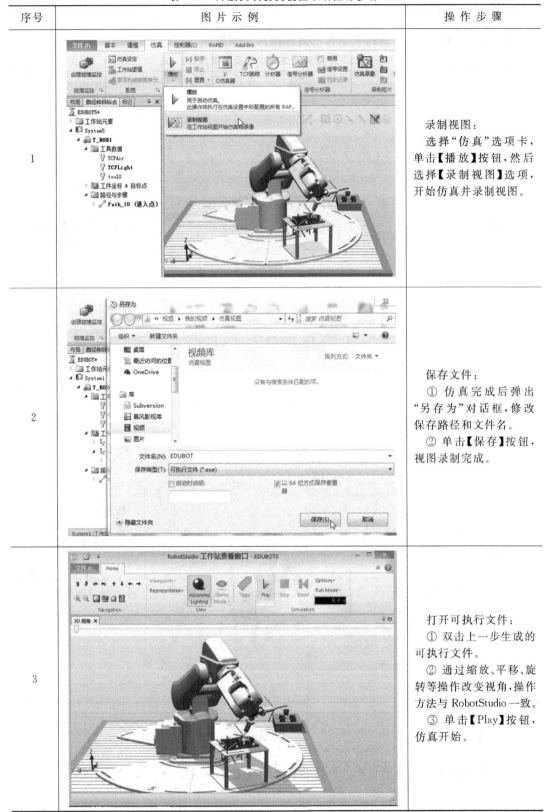	录制视图： 选择"仿真"选项卡，单击【播放】按钮，然后选择【录制视图】选项，开始仿真并录制视图。
2		保存文件： ① 仿真完成后弹出"另存为"对话框，修改保存路径和文件名。 ② 单击【保存】按钮，视图录制完成。
3		打开可执行文件： ① 双击上一步生成的可执行文件。 ② 通过缩放、平移、旋转等操作改变视角，操作方法与 RobotStudio 一致。 ③ 单击【Play】按钮，仿真开始。

5.5.4　打包工作站

工作站打包文件可以在不同计算机上的 RobotStudio 软件中打开，以方便用户间的交流。在焊接实训仿真中打包工作站的具体操作步骤见表 5-14。

表 5-14　焊接实训仿真打包工作站操作步骤

序号	图片示例	操作步骤
1		开启工作站打包功能： ① 选择"文件"选项卡，单击【保存工作站】。 ② 单击【共享】→【打包】。
2		选择文件并打包： 选择要打包的文件，单击【确定】按钮，开始打包。

思考与练习

1.简述选取参照面的作用。

2.如何将直线指令转换成圆弧指令？

3.如何将两段路径合并成一段？

4.自动路径生成的目标点的轴参数该如何自动配置？

5.在机器人沿着焊接路径运动时，打开碰撞监控功能，查看工具与焊接模块的碰撞情况。

第6章 搬运实训仿真

本章要点

- 加载工业机器人及周边模型；
- 创建系统；
- 创建坐标系；
- 利用 Smart 组件创建动态工具；
- 创建搬运程序；
- 仿真演示；
- 录制视频和制作可执行文件；
- 文件共享。

本章进行搬运实训仿真，任务是利用 Smart 组件创建一个搬运的仿真动画。Smart 组件就是在 RobotStudio 中实现动画效果的高效工具。要完成本实训仿真任务，需要进行搬运实训工作站搭建、机器人系统创建、动态搬运工具创建、搬运程序创建、工作站逻辑设定、仿真及调试这六个部分的操作。通过本章的学习，用户可以掌握模型的导入和安装、利用 Smart 组件创建动态工具、工作站逻辑、搬运路径示教和仿真调试等操作的技巧。

6.1 搬运实训工作站搭建

要完成仿真任务，用户首先需要将涉及的机械模型加载到工作站中。搬运实训工作站的搭建包括以下内容：

（1）实训台安装；

（2）机器人安装；

（3）工具安装；

（4）搬运实训模块安装。

搬运实训工作站搭建

6.1.1 实训台安装

本章所涉及的机器人和实训模块都要安装到"HD1XKB 工业机器人技能考核实训台"上，因此需要先安装实训台。安装实训台的具体操作步骤见表6-1。

表 6-1　搬运实训台安装操作步骤

序号	图 片 示 例	操 作 步 骤
1	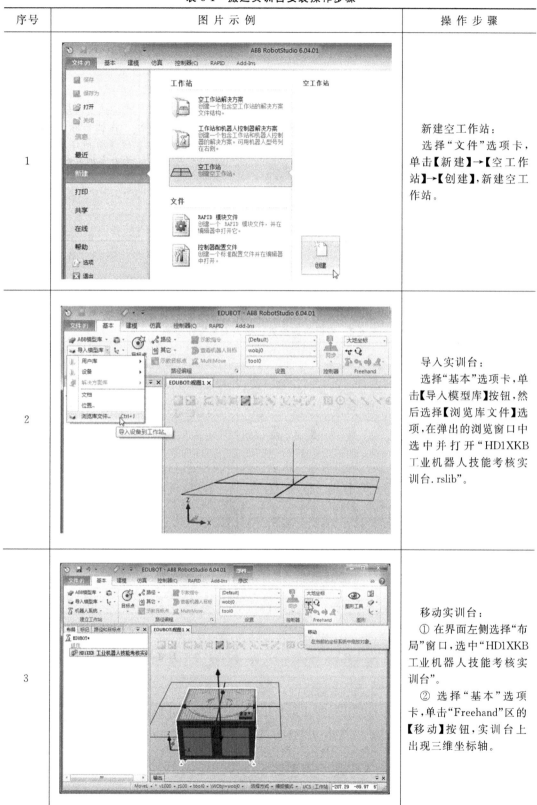	新建空工作站： 　选择"文件"选项卡，单击【新建】→【空工作站】→【创建】，新建空工作站。
2		导入实训台： 　选择"基本"选项卡，单击【导入模型库】按钮，然后选择【浏览库文件】选项，在弹出的浏览窗口中选中并打开"HD1XKB工业机器人技能考核实训台. rslib"。
3		移动实训台： 　① 在界面左侧选择"布局"窗口，选中"HD1XKB工业机器人技能考核实训台"。 　② 选择"基本"选项卡，单击"Freehand"区的【移动】按钮，实训台上出现三维坐标轴。

序号	图片示例	操作步骤
4	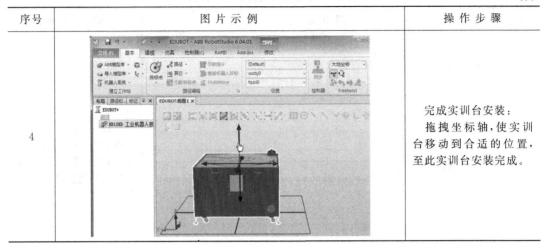	完成实训台安装： 拖拽坐标轴，使实训台移动到合适的位置，至此实训台安装完成。

6.1.2　机器人安装

本章选择的是 IRB 120 机器人。安装 IRB 120 机器人的具体操作步骤见表 6-2。

表 6-2　搬运实训仿真机器人安装操作步骤

序号	图片示例	操作步骤
1	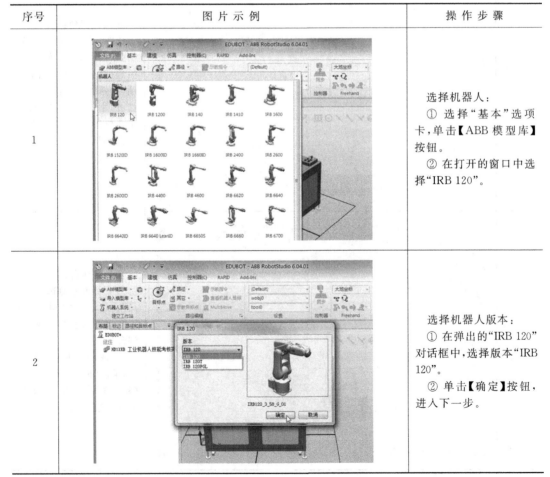	选择机器人： ① 选择"基本"选项卡，单击【ABB 模型库】按钮。 ② 在打开的窗口中选择"IRB 120"。
2		选择机器人版本： ① 在弹出的"IRB 120"对话框中，选择版本"IRB 120"。 ② 单击【确定】按钮，进入下一步。

序号	图 片 示 例	操 作 步 骤
3	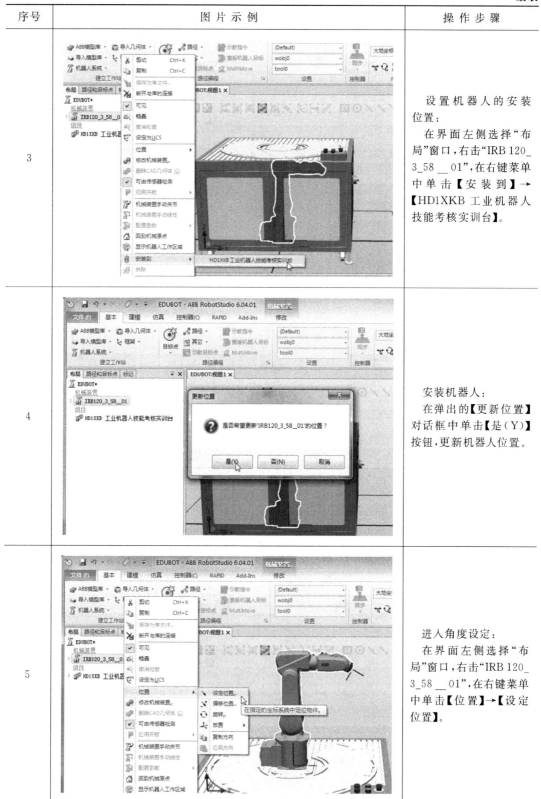	设置机器人的安装位置： 在界面左侧选择"布局"窗口，右击"IRB 120_3_58 __ 01"，在右键菜单中单击【安装到】→【HD1XKB 工业机器人技能考核实训台】。
4		安装机器人： 在弹出的【更新位置】对话框中单击【是（Y）】按钮，更新机器人位置。
5		进入角度设定： 在界面左侧选择"布局"窗口，右击"IRB 120_3_58 __ 01"，在右键菜单中单击【位置】→【设定位置】。

续表

序号	图 片 示 例	操 作 步 骤
6	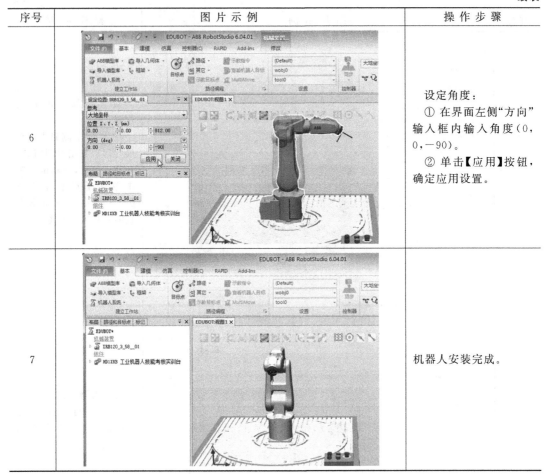	设定角度： ① 在界面左侧"方向"输入框内输入角度(0,0,−90)。 ② 单击【应用】按钮，确定应用设置。
7		机器人安装完成。

6.1.3 工具安装

本任务选择的工具是 J01 Y 型夹具。安装 J01 Y 型夹具的具体操作步骤见表 6-3。

表 6-3 搬运实训仿真工具安装操作步骤

序号	图 片 示 例	操 作 步 骤
1	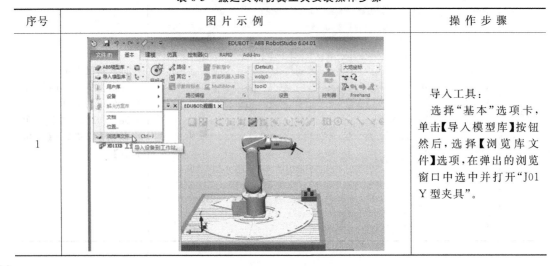	导入工具： 选择"基本"选项卡，单击【导入模型库】按钮然后，选择【浏览库文件】选项，在弹出的浏览窗口中选中并打开"J01 Y 型夹具"。

序号	图 片 示 例	操 作 步 骤
2	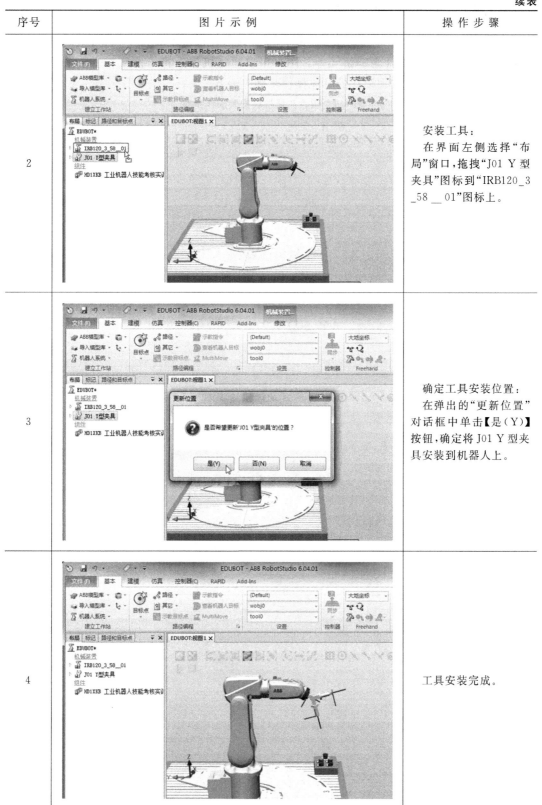	安装工具： 　在界面左侧选择"布局"窗口，拖拽"J01 Y型夹具"图标到"IRB120_3_58＿01"图标上。
3		确定工具安装位置： 　在弹出的"更新位置"对话框中单击【是(Y)】按钮，确定将J01 Y型夹具安装到机器人上。
4		工具安装完成。

6.1.4　搬运实训模块安装

本任务选择安装 MA04 搬运实训模块。该实训模块顶板上有九个(三行三列)圆形槽,各孔槽均有位置标号,工件为圆饼工件。用户可以通过机器人将工件从一个孔槽搬运到另一个孔槽上。安装搬运实训模块的具体操作步骤见表 6-4。

表 6-4　搬运实训模块安装操作步骤

序号	图 片 示 例	操 作 步 骤
1	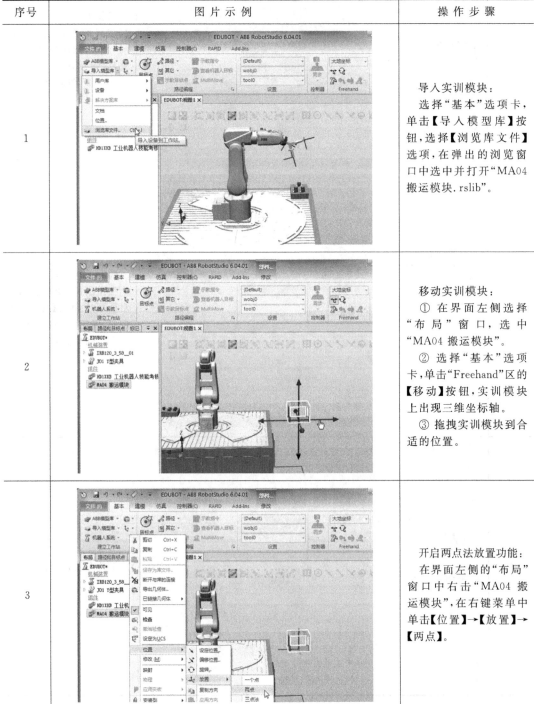	导入实训模块: 　选择"基本"选项卡,单击【导入模型库】按钮,选择【浏览库文件】选项,在弹出的浏览窗口中选中并打开"MA04搬运模块.rslib"。
2		移动实训模块: 　① 在界面左侧选择"布局"窗口,选中"MA04 搬运模块"。 　② 选择"基本"选项卡,单击"Freehand"区的【移动】按钮,实训模块上出现三维坐标轴。 　③ 拖拽实训模块到合适的位置。
3		开启两点法放置功能: 　在界面左侧的"布局"窗口中右击"MA04 搬运模块",在右键菜单中单击【位置】→【放置】→【两点】。

续表

序号	图 片 示 例	操 作 步 骤
4	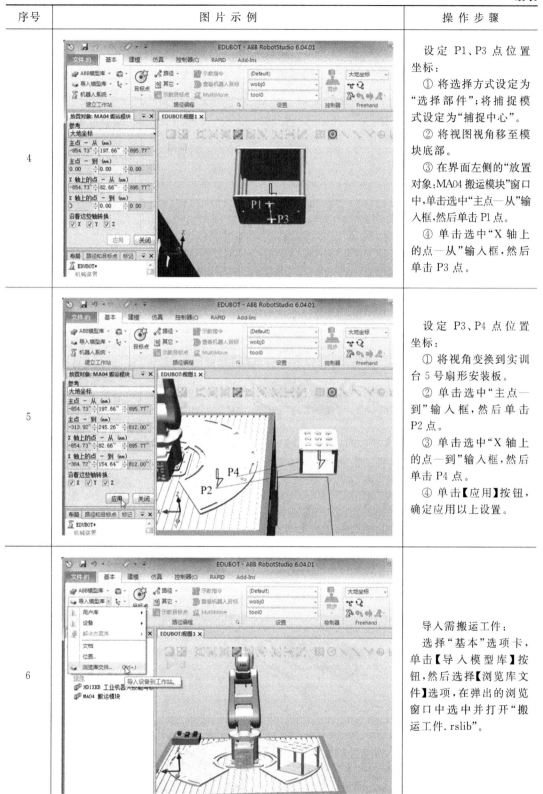	设定 P1、P3 点位置坐标： ① 将选择方式设定为"选择部件"；将捕捉模式设定为"捕捉中心"。 ② 将视图视角移至模块底部。 ③ 在界面左侧的"放置对象：MA04 搬运模块"窗口中，单击选中"主点—从"输入框，然后单击 P1 点。 ④ 单击选中"X 轴上的点—从"输入框，然后单击 P3 点。
5		设定 P3、P4 点位置坐标： ① 将视角变换到实训台 5 号扇形安装板。 ② 单击选中"主点—到"输入框，然后单击 P2 点。 ③ 单击选中"X 轴上的点—到"输入框，然后单击 P4 点。 ④ 单击【应用】按钮，确定应用以上设置。
6		导入需搬运工件： 选择"基本"选项卡，单击【导入模型库】按钮，然后选择【浏览库文件】选项，在弹出的浏览窗口中选中并打开"搬运工件.rslib"。

序号	图片示例	操作步骤
7	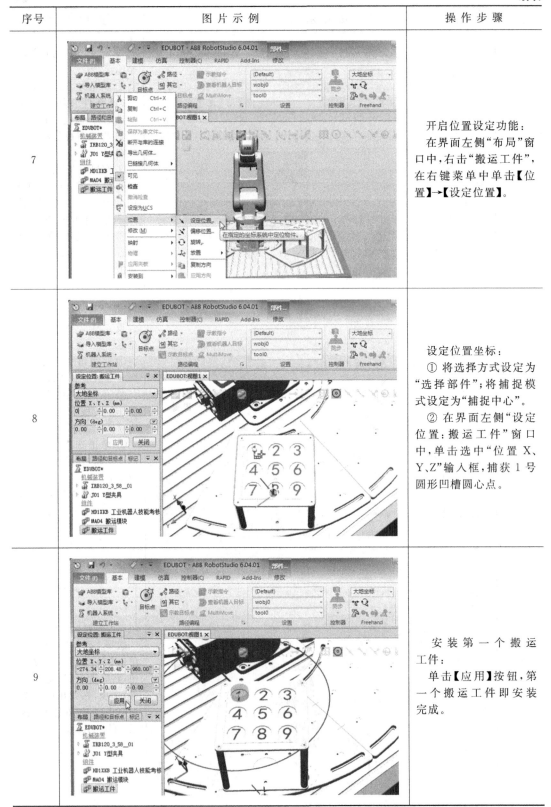	开启位置设定功能： 在界面左侧"布局"窗口中，右击"搬运工件"，在右键菜单中单击【位置】→【设定位置】。
8		设定位置坐标： ① 将选择方式设定为"选择部件"；将捕捉模式设定为"捕捉中心"。 ② 在界面左侧"设定位置：搬运工件"窗口中，单击选中"位置 X、Y、Z"输入框，捕获 1 号圆形凹槽圆心点。
9		安装第一个搬运工件： 单击【应用】按钮，第一个搬运工件即安装完成。

续表

序号	图 片 示 例	操 作 步 骤
10	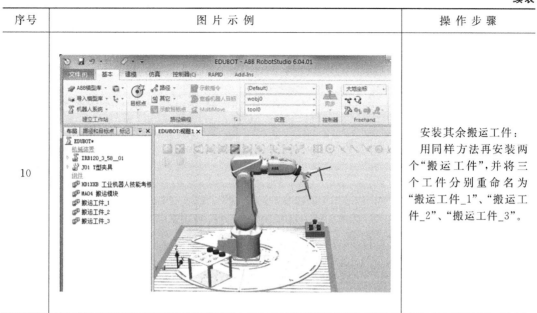	安装其余搬运工件： 用同样方法再安装两个"搬运工件"，并将三个工件分别重命名为"搬运工件_1"、"搬运工件_2"、"搬运工件_3"。

6.2 机器人系统创建

机器人系统创建的具体操作步骤见表 6-5。

表 6-5 搬运实训仿真机器人系统创建操作步骤

序号	图 片 示 例	操 作 步 骤
1	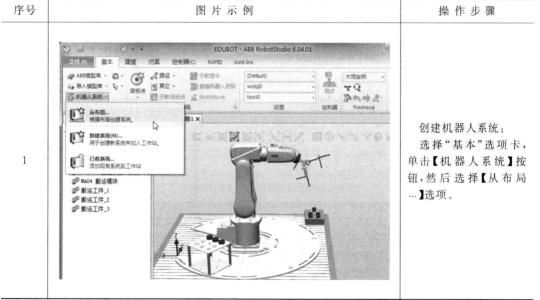	创建机器人系统： 选择"基本"选项卡，单击【机器人系统】按钮，然后选择【从布局…】选项。

序号	图 片 示 例	操 作 步 骤
2	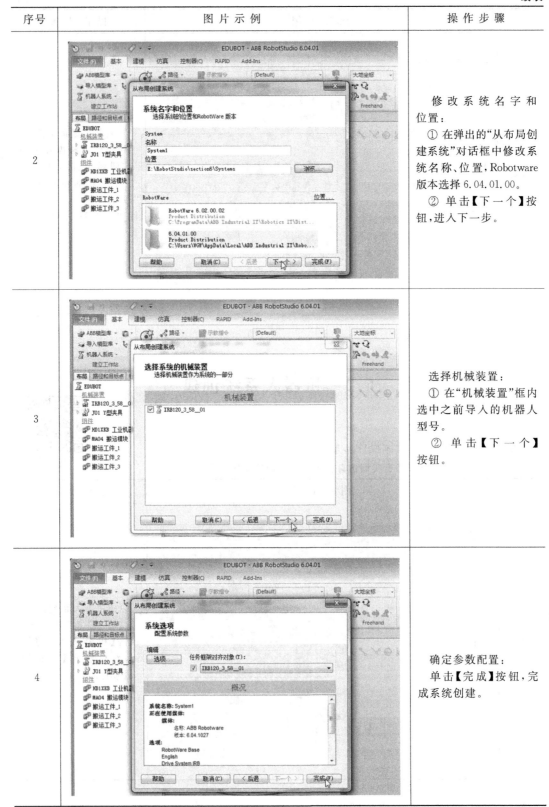	修改系统名字和位置： ① 在弹出的"从布局创建系统"对话框中修改系统名称、位置，Robotware版本选择 6.04.01.00。 ② 单击【下一个】按钮，进入下一步。
3		选择机械装置： ① 在"机械装置"框内选中之前导入的机器人型号。 ② 单击【下一个】按钮。
4		确定参数配置： 单击【完成】按钮，完成系统创建。

6.3　动态搬运工具创建

在本任务中使用一个真空吸盘工具来进行产品的拾取释放,基于此吸盘工具来创建一个具有 Smart 组件特性的工具。工具动态效果包含:在搬运模块的一个孔槽上拾取产品;在另一个孔槽上释放产品。创建动态搬运工具需要进行以下六个部分的操作:

(1) 工具属性设定;

(2) 检测传感器创建;

(3) 拾取动作设定;

(4) 属性与联结设定;

(5) 信号和连接设定;

(6) 动态模拟运行。

动态搬运工具创建

6.3.1　工具属性设定

在本任务中将会创建一个 Smart 组件,并对其进行相关设定,使其具有工具的特性,以实现后续的动态效果。设定工具属性的具体操作步骤见表 6-6。

表 6-6　搬运实训动态搬运工具属性设定

序号	图　片　示　例	操　作　步　骤
1		新建 Smart 组件: 选择"建模"选项卡,单击【Smart 组件】按钮。
2		重命名组件: 在界面左侧"建模"窗口中右击"SmartComponent_1",在右键菜单中单击【重命名】,将该组件重命名为"SC_Gripper"。

序号	图 片 示 例	操作步骤
3	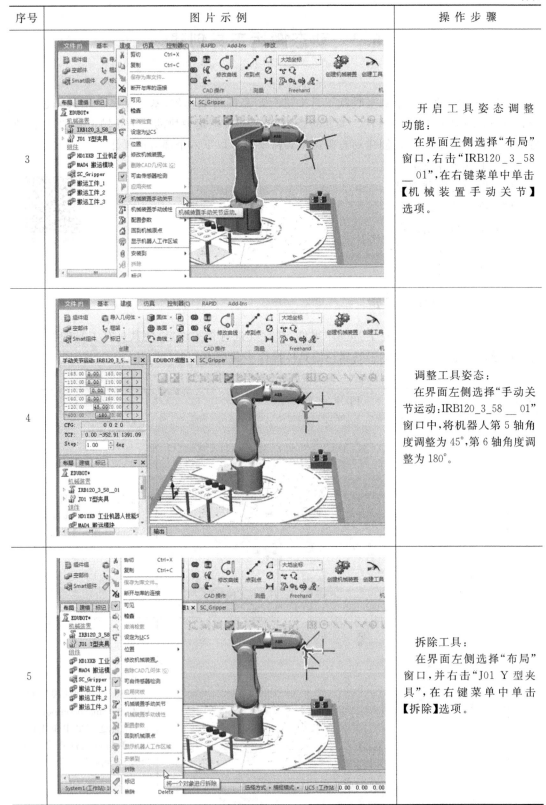	开启工具姿态调整功能： 在界面左侧选择"布局"窗口，右击"IRB120_3_58__01"，在右键菜单中单击【机械装置手动关节】选项。
4		调整工具姿态： 在界面左侧选择"手动关节运动：IRB120_3_58__01"窗口中，将机器人第5轴角度调整为45°，第6轴角度调整为180°。
5		拆除工具： 在界面左侧选择"布局"窗口，并右击"J01 Y型夹具"，在右键菜单中单击【拆除】选项。

续表

序号	图 片 示 例	操作步骤
6	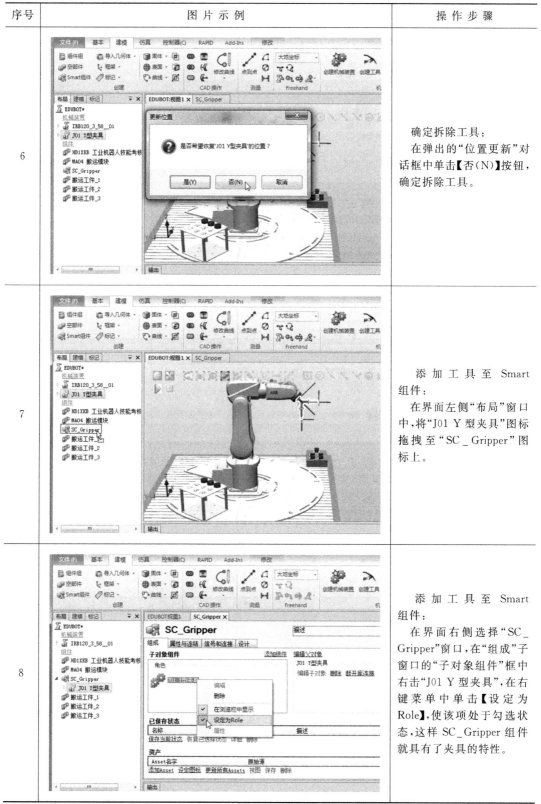	确定拆除工具： 在弹出的"位置更新"对话框中单击【否(N)】按钮，确定拆除工具。
7		添加工具至 Smart 组件： 在界面左侧"布局"窗口中，将"J01 Y型夹具"图标拖拽至"SC_Gripper"图标上。
8		添加工具至 Smart 组件： 在界面右侧选择"SC_Gripper"窗口，在"组成"子窗口的"子对象组件"框中右击"J01 Y型夹具"，在右键菜单中单击【设定为Role】，使该项处于勾选状态，这样 SC_Gripper 组件就具有了夹具的特性。

续表

序号	图 片 示 例	操 作 步 骤
9	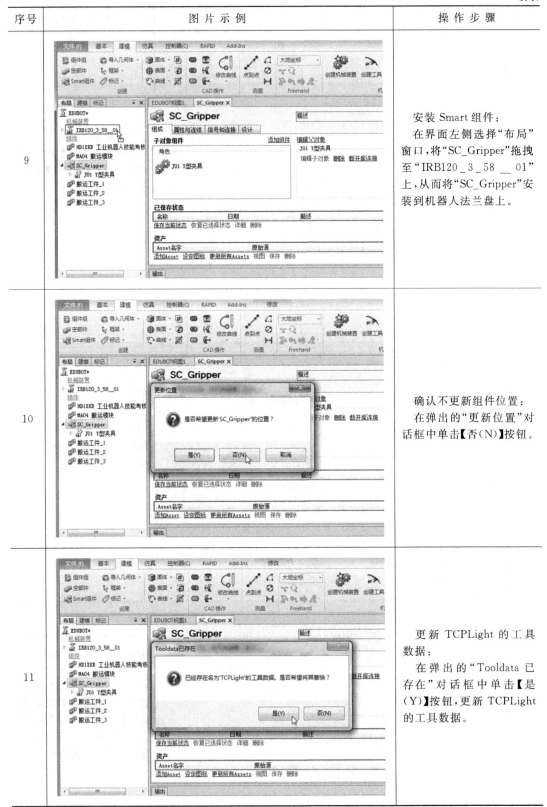	安装 Smart 组件： 在界面左侧选择"布局"窗口，将"SC_Gripper"拖拽至"IRB120_3_58 __ 01"上，从而将"SC_Gripper"安装到机器人法兰盘上。
10		确认不更新组件位置： 在弹出的"更新位置"对话框中单击【否(N)】按钮。
11		更新 TCPLight 的工具数据： 在弹出的"Tooldata 已存在"对话框中单击【是(Y)】按钮，更新 TCPLight 的工具数据。

续表

序号	图 片 示 例	操 作 步 骤
12	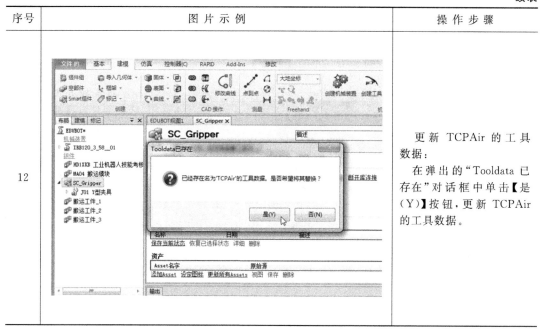	更新 TCPAir 的工具数据： 　　在弹出的"Tooldata 已存在"对话框中单击【是（Y）】按钮，更新 TCPAir 的工具数据。

说明：

在步骤 10 中，由于当前工具就在正确的位置上，所以不需要更新位置。

6.3.2　检测传感器创建

实现拾取和释放效果的前提是系统能够检测到物体，因此需要创建一个检测传感器。创建检测传感器的具体操作步骤见表 6-7。

表 6-7　搬运实训仿真检测传感器创建操作步骤

序号	图 片 示 例	操 作 步 骤
1		添加组件 LineSensor： 　　在界面右侧选择"SC_Gripper"窗口，在"组成"子窗口中单击【添加组件】→【传感器】→【LineSensor】。

续表

序号	图片示例	操作步骤
2	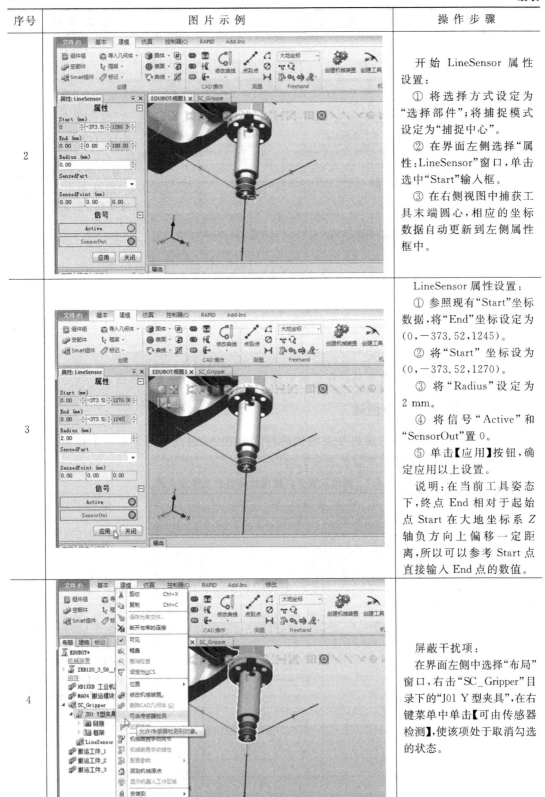	开始 LineSensor 属性设置： ① 将选择方式设定为"选择部件"；将捕捉模式设定为"捕捉中心"。 ② 在界面左侧选择"属性：LineSensor"窗口，单击选中"Start"输入框。 ③ 在右侧视图中捕获工具末端圆心，相应的坐标数据自动更新到左侧属性框中。
3		LineSensor 属性设置： ① 参照现有"Start"坐标数据，将"End"坐标设定为(0,−373.52,1245)。 ② 将"Start"坐标设为(0,−373.52,1270)。 ③ 将"Radius"设定为2 mm。 ④ 将信号"Active"和"SensorOut"置0。 ⑤ 单击【应用】按钮，确定应用以上设置。 说明：在当前工具姿态下，终点 End 相对于起始点 Start 在大地坐标系 Z 轴负方向上偏移一定距离，所以可以参考 Start 点直接输入 End 点的数值。
4		屏蔽干扰项： 在界面左侧中选择"布局"窗口，右击"SC_Gripper"目录下的"J01 Y型夹具"，在右键菜单中单击【可由传感器检测】，使该项处于取消勾选的状态。

关于虚拟传感器的使用还有一项限制,即当物体与传感器接触时,如果接触部分完全覆盖了整个传感器,则传感器不能检测到与之接触的物体。换言之,若要传感器准确检测到物体,则必须保证在接触时传感器的一部分在物体内部,一部分在物体外部。所以为了避免在吸盘拾取产品时该传感器完全"浸入"产品内部,人为将起始点 Start 的 Z 值加大,以保证拾取时该传感器一部分在产品内部,一部分在传感器外部,这样才能够准确地检测到该产品。

此外需指出,虚拟传感器一次只能检测一个物体,所以需要保证所创建的传感器不能与周边设备接触,否则无法检测运动到输送链末端的产品。用户可以在创建虚拟传感器时避开周边设备,也可将可能与该传感器接触的周边设备的属性设为"不可由传感器检测"。

6.3.3 拾取释放动作设定

在搬运实训仿真中,拾取释放动作设定的具体操作步骤见表 6-8。

表 6-8 搬运实训仿真拾取动作设定操作步骤

序号	图片示例	操作步骤
1		添加组件 Attacher: 在界面右侧"SC_Gripper"窗口中选择"组成"子窗口,单击【添加组件】→【动作】→【Attacher】。
2		Attacher 属性设置: ① 在界面左侧中选择"属性:Attacher"窗口,将"Parent"项设定为"SC_Gripper"。 ② 单击【关闭】按钮,进入下一步。

序号	图 片 示 例	操 作 步 骤
3	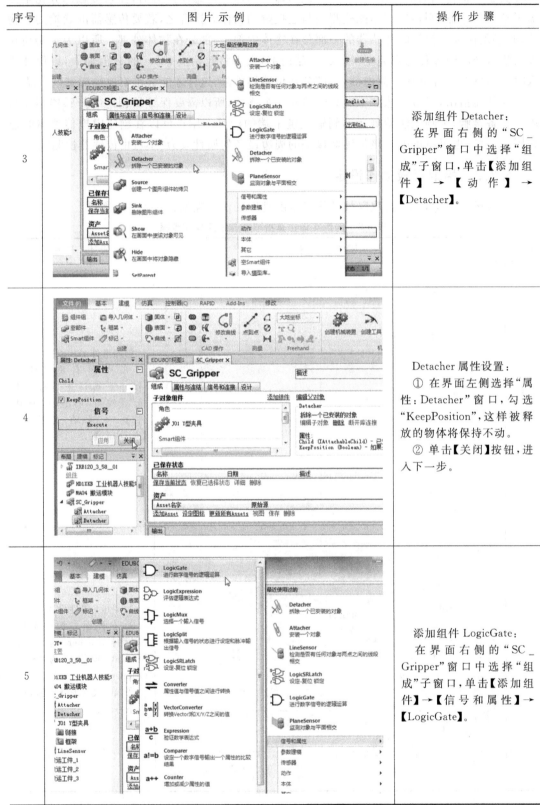	添加组件 Detacher： 　在界面右侧的"SC_Gripper"窗口中选择"组成"子窗口，单击【添加组件】→【动　作】→【Detacher】。
4		Detacher 属性设置： 　① 在界面左侧选择"属性：Detacher"窗口，勾选"KeepPosition"，这样被释放的物体将保持不动。 　② 单击【关闭】按钮，进入下一步。
5		添加组件 LogicGate： 　在界面右侧的"SC_Gripper"窗口中选择"组成"子窗口，单击【添加组件】→【信号和属性】→【LogicGate】。

142

续表

序号	图　片　示　例	操　作　步　骤
6	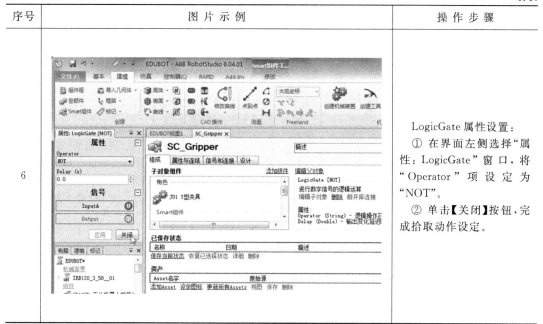	LogicGate 属性设置： ① 在界面左侧选择"属性：LogicGate"窗口，将"Operator"项设定为"NOT"。 ② 单击【关闭】按钮，完成拾取动作设定。

6.3.4　属性与联结设置

属性联结指的是各 Smart 子组件的某项属性之间的联结，例如组件 A 中的某项属性 a1 与组件 B 中的某项属性 b1 之间建立属性联结，则当 a1 发生变化时，b1 也随着一起变化。在搬运实训仿真中属性与联结设置的具体操作步骤见表 6-9。

表 6-9　搬运实训仿真属性与联结设置的操作步骤

序号	图　片　示　例	操　作　步　骤
1		开始添加连接： 　在界面右侧的"SC_Gripper"窗口中选择"属性与连结"①子窗口，单击【添加连结】。

---

① "连结"应为"联结"，但为与软件保持一致，本书在引用时不做改动。

序号	图 片 示 例	操作步骤
2		添加联结: ① 在弹出的"添加连结"对话框中设定如图所示的内容。 ② 单击【确定】按钮,进入下一步。
3		继续添加联结: ① 在界面右侧的"SC_Gripper"窗口中选择"属性与连结"子窗口,单击【添加连结】。 ② 在弹出的"添加连结"对话框中设定如图所示的内容。 ③ 单击【确定】按钮,完成属性与联结设置。

在步骤 2 中,LineSensor 的属性 SensedPart 指的是线传感器所检测到的与其发生接触的物体。此处"联结"的意思是将线传感器所检测到的物体作为拾取的子对象。

在步骤 3 中,"联结"的意思是将拾取的子对象作为释放的子对象。

设定完成之后可实现的效果是:当工具上的线传感器 LineSensor 检测到物体 A 时,物体 A 即作为所要拾取的对象,被工具拾取。将物体 A 拾取之后,机器人运动到指定位置,执行释放动作,则物体 A 作为释放的对象,被工具释放。

6.3.5 添加 I/O 信号和连接

I/O 信号指的是在本工作站中自行创建的数字信号,用于与各个 Smart 子组件进行信号交互。I/O 连接指的是创建的 I/O 信号与 Smart 子组件信号,以及各 Smart 子组件间的信号连接关系。动态搬运工具系统需要一个输入信号,用来控制抓取和释放动作的执行。各个内部组件的信号也需要关联起来。因此需要创建和关联相关信号。在搬运实训仿真中添加 I/O 信号和连接的具体操作步骤见表 6-10。

表 6-10 搬运实训仿真 I/O 信号添加和连接操作步骤

序号	图 片 示 例	操 作 步 骤
1	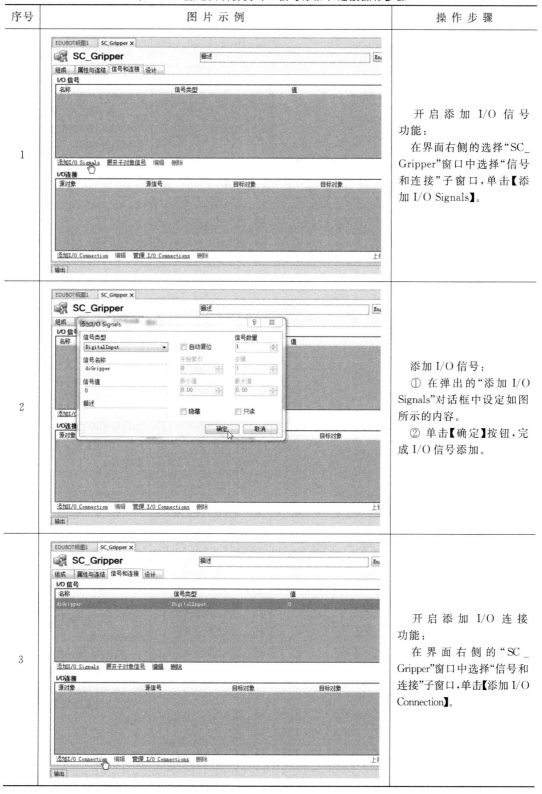	开启添加 I/O 信号功能： 在界面右侧的选择"SC_Gripper"窗口中选择"信号和连接"子窗口，单击【添加 I/O Signals】。
2		添加 I/O 信号： ① 在弹出的"添加 I/O Signals"对话框中设定如图所示的内容。 ② 单击【确定】按钮，完成 I/O 信号添加。
3		开启添加 I/O 连接功能： 在界面右侧的"SC_Gripper"窗口中选择"信号和连接"子窗口，单击【添加 I/O Connection】。

序号	图 片 示 例	操 作 步 骤
4	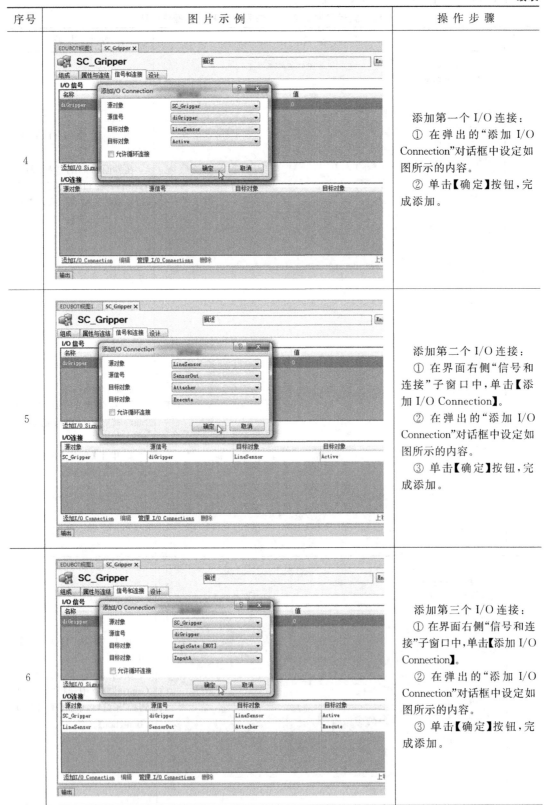	添加第一个 I/O 连接: ① 在弹出的"添加 I/O Connection"对话框中设定如图所示的内容。 ② 单击【确定】按钮,完成添加。
5		添加第二个 I/O 连接: ① 在界面右侧"信号和连接"子窗口中,单击【添加 I/O Connection】。 ② 在弹出的"添加 I/O Connection"对话框中设定如图所示的内容。 ③ 单击【确定】按钮,完成添加。
6		添加第三个 I/O 连接: ① 在界面右侧"信号和连接"子窗口中,单击【添加 I/O Connection】。 ② 在弹出的"添加 I/O Connection"对话框中设定如图所示的内容。 ③ 单击【确定】按钮,完成添加。

续表

序号	图 片 示 例	操 作 步 骤
7	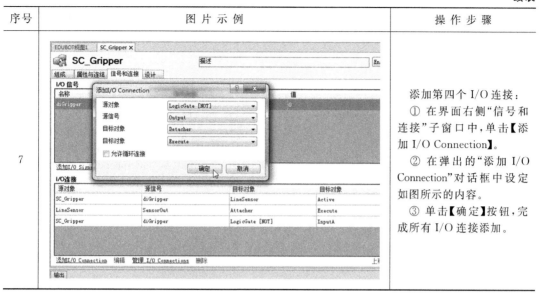	添加第四个 I/O 连接： ① 在界面右侧"信号和连接"子窗口中，单击【添加 I/O Connection】。 ② 在弹出的"添加 I/O Connection"对话框中设定如图所示的内容。 ③ 单击【确定】按钮，完成所有 I/O 连接添加。

在表 6-10 中一共创建了四个连接，下面来梳理一下整个事件的触发过程：

（1）当抓取信号 diGripper 置 1 时，线传感器开始检测。

（2）如果检测到产品与 LineSensor 发生接触，则触发拾取动作，夹具拾取产品。

（3）当抓取信号 diGripper 置 0 时，通过非门的中间连接，释放动作被触发，夹具释放产品。

6.3.6 动态模拟运行

创建完动态工具后需要进行动态模拟，以验证相关设置的正确性。动态模拟运行的具体操作步骤见表 6-11。

表 6-11 动态模拟运行操作步骤

序号	图 片 示 例	操 作 步 骤
1	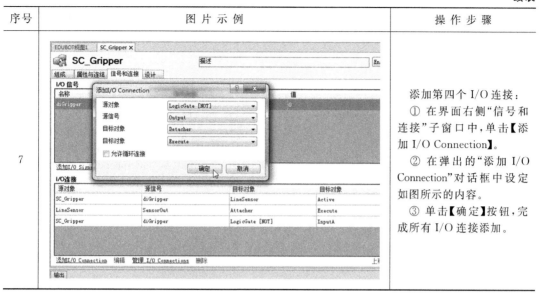	开启 I/O 仿真功能： 选择"仿真"选项卡，单击【I/O 仿真】按钮。

续表

序号	图 片 示 例	操 作 步 骤
2	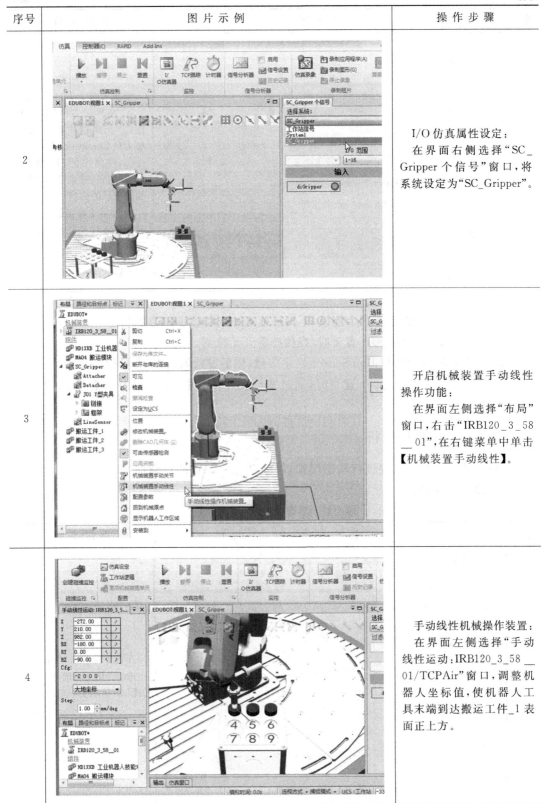	I/O仿真属性设定: 在界面右侧选择"SC_Gripper 个信号"窗口,将系统设定为"SC_Gripper"。
3		开启机械装置手动线性操作功能: 在界面左侧选择"布局"窗口,右击"IRB120_3_58_01",在右键菜单中单击【机械装置手动线性】。
4		手动线性机械操作装置: 在界面左侧选择"手动线性运动:IRB120_3_58_01/TCPAir"窗口,调整机器人坐标值,使机器人工具末端到达搬运工件_1表面正上方。

序号	图 片 示 例	操 作 步 骤
5	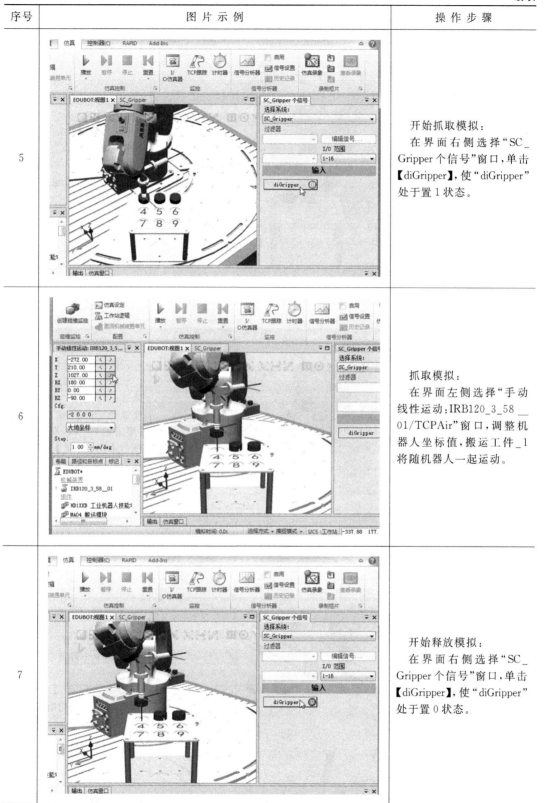	开始抓取模拟： 　　在界面右侧选择"SC_Gripper 个信号"窗口，单击【diGripper】，使"diGripper"处于置 1 状态。
6		抓取模拟： 　　在界面左侧选择"手动线性运动:IRB120_3_58 __ 01/TCPAir"窗口，调整机器人坐标值，搬运工件_1 将随机器人一起运动。
7		开始释放模拟： 　　在界面右侧选择"SC_Gripper 个信号"窗口，单击【diGripper】，使"diGripper"处于置 0 状态。

序号	图 片 示 例	操 作 步 骤
8	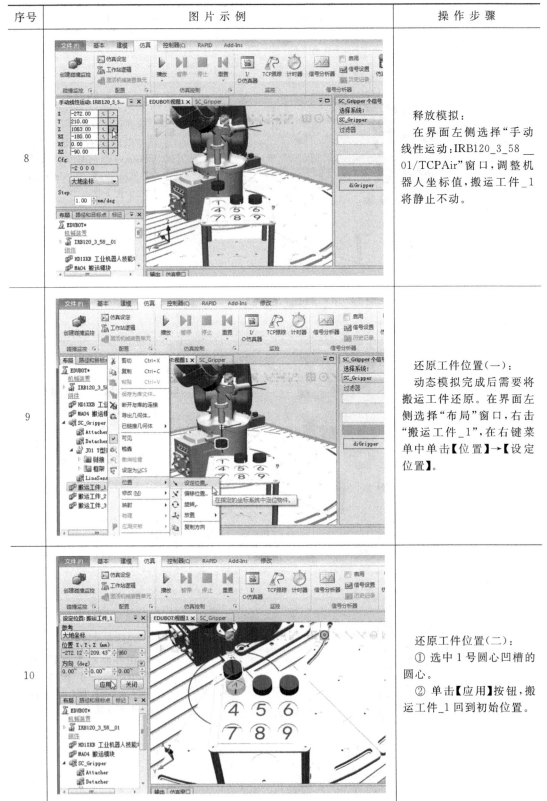	释放模拟: 在界面左侧选择"手动线性运动:IRB120_3_58＿01/TCPAir"窗口,调整机器人坐标值,搬运工件_1将静止不动。
9		还原工件位置(一): 动态模拟完成后需要将搬运工件还原。在界面左侧选择"布局"窗口,右击"搬运工件_1",在右键菜单中单击【位置】→【设定位置】。
10		还原工件位置(二): ① 选中1号圆心凹槽的圆心。 ② 单击【应用】按钮,搬运工件_1回到初始位置。

6.4　搬运程序创建

搬运程序创建的内容包括：

（1）坐标系创建；

（2）搬运路径规划；

（3）I/O 指令添加。

搬运程序创建

6.4.1　坐标系创建

本任务选择创建工件坐标系以便简化后续编程示教操作。创建工件坐标系的具体操作步骤见表 6-12。

表 6-12　搬运实训仿真坐标系创建操作步骤

序号	图 片 示 例	操 作 步 骤
1	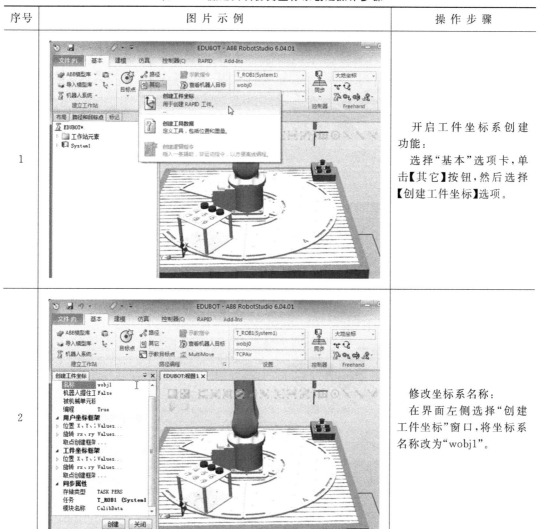	开启工件坐标系创建功能： 选择"基本"选项卡，单击【其它】按钮，然后选择【创建工件坐标】选项。
2		修改坐标系名称： 在界面左侧选择"创建工件坐标"窗口，将坐标系名称改为"wobj1"。

序号	图 片 示 例	操 作 步 骤
3	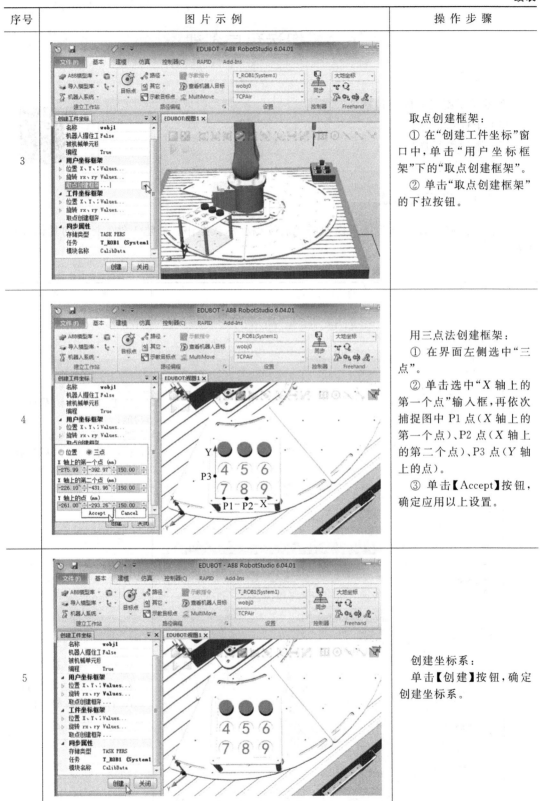	取点创建框架： ① 在"创建工件坐标"窗口中，单击"用户坐标框架"下的"取点创建框架"。 ② 单击"取点创建框架"的下拉按钮。
4		用三点法创建框架： ① 在界面左侧选中"三点"。 ② 单击选中"X 轴上的第一个点"输入框，再依次捕捉图中 P1 点（X 轴上的第一个点）、P2 点（X 轴上的第二个点）、P3 点（Y 轴上的点）。 ③ 单击【Accept】按钮，确定应用以上设置。
5		创建坐标系： 单击【创建】按钮，确定创建坐标系。

续表

序号	图 片 示 例	操 作 步 骤
6	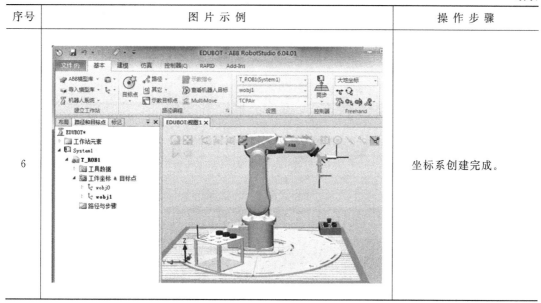	坐标系创建完成。

6.4.2 搬运路径创建

搬运实训仿真任务要求机器人利用吸盘工具将搬运工件从一个孔槽搬运到另一个孔槽上。为了实现搬运过程,本任务中搬运一个工件需要示教六个位置。以 1 号孔槽的搬运工具为例,机器人要实现搬运效果,其工具末端的运动路径是 P1→P2→P3→P4→P5 →P6,如图 6-1 所示。其余两个轨迹类似。

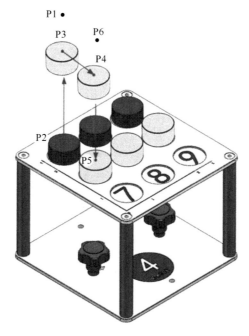

图 6-1　搬运路径

在搬运实训仿真中,创建搬运路径的具体操作步骤见表 6-13。

表 6-13　搬运路径创建操作步骤

序号	图片示例	操作步骤
1	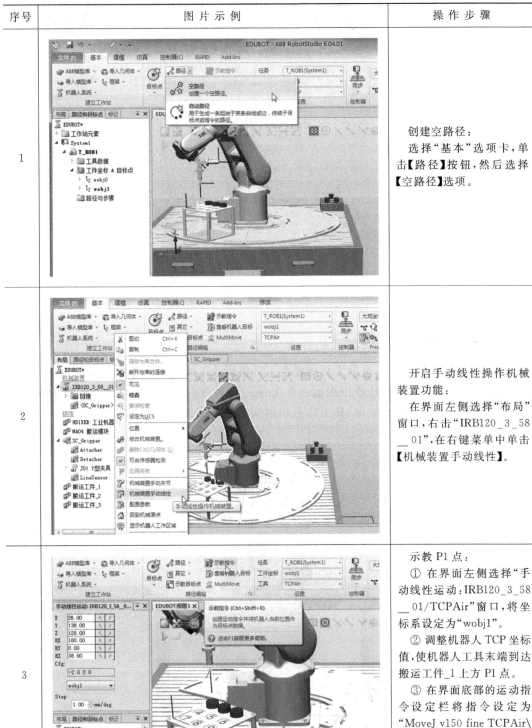	创建空路径： 　选择"基本"选项卡，单击【路径】按钮，然后选择【空路径】选项。
2		开启手动线性操作机械装置功能： 　在界面左侧选择"布局"窗口，右击"IRB120_3_58__01"，在右键菜单中单击【机械装置手动线性】。
3		示教 P1 点： 　① 在界面左侧选择"手动线性运动：IRB120_3_58__01/TCPAir"窗口，将坐标系设定为"wobj1"。 　② 调整机器人 TCP 坐标值，使机器人工具末端到达搬运工件_1 上方 P1 点。 　③ 在界面底部的运动指令设定栏将指令设定为"MoveJ v150 fine TCPAir\WObj：=wobj1"。 　④ 单击【示教指令】按钮，创建目标点和运动指令(Target_10)。

续表

序号	图 片 示 例	操 作 步 骤
4	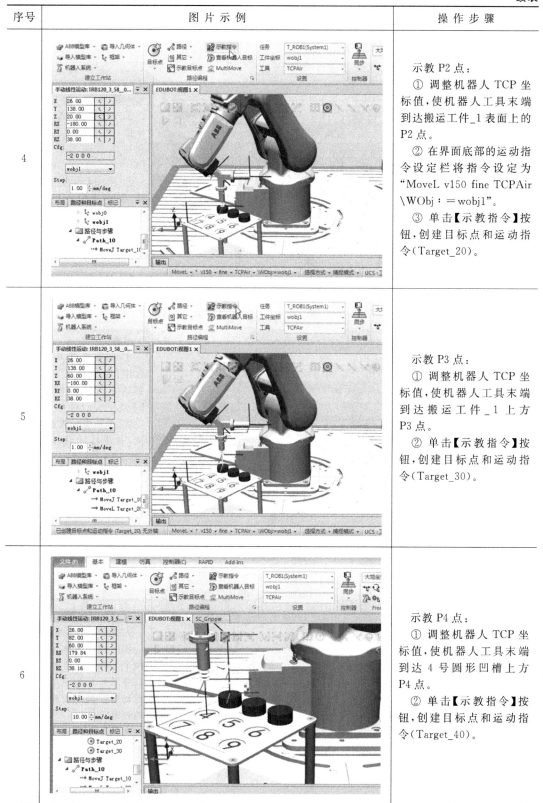	示教 P2 点： ① 调整机器人 TCP 坐标值，使机器人工具末端到达搬运工件_1 表面上的 P2 点。 ② 在界面底部的运动指令设定栏将指令设定为"MoveL v150 fine TCPAir \WObj：=wobj1"。 ③ 单击【示教指令】按钮，创建目标点和运动指令（Target_20）。
5		示教 P3 点： ① 调整机器人 TCP 坐标值，使机器人工具末端到达搬运工件_1 上方 P3 点。 ② 单击【示教指令】按钮，创建目标点和运动指令（Target_30）。
6		示教 P4 点： ① 调整机器人 TCP 坐标值，使机器人工具末端到达 4 号圆形凹槽上方 P4 点。 ② 单击【示教指令】按钮，创建目标点和运动指令（Target_40）。

序号	图 片 示 例	操 作 步 骤
7	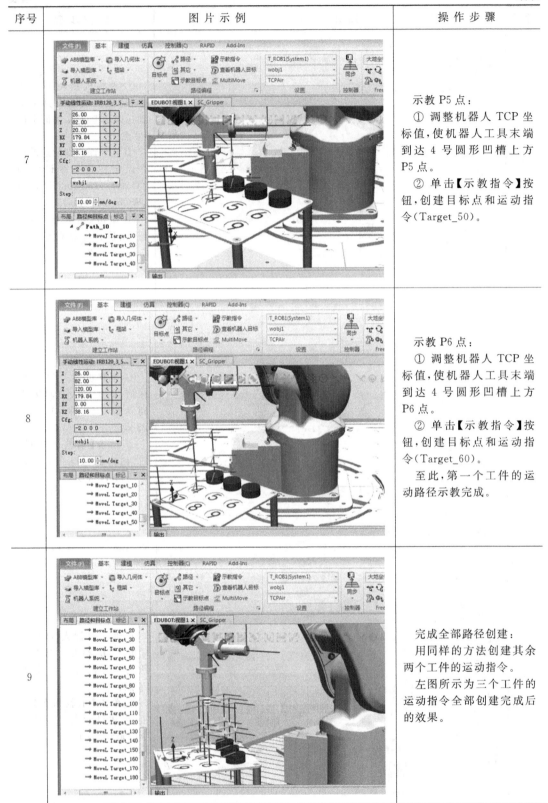	示教 P5 点: ① 调整机器人 TCP 坐标值,使机器人工具末端到达 4 号圆形凹槽上方 P5 点。 ② 单击【示教指令】按钮,创建目标点和运动指令(Target_50)。
8		示教 P6 点: ① 调整机器人 TCP 坐标值,使机器人工具末端到达 4 号圆形凹槽上方 P6 点。 ② 单击【示教指令】按钮,创建目标点和运动指令(Target_60)。 至此,第一个工件的运动路径示教完成。
9		完成全部路径创建: 用同样的方法创建其余两个工件的运动指令。 左图所示为三个工件的运动指令全部创建完成后的效果。

序号	图 片 示 例	操 作 步 骤
10	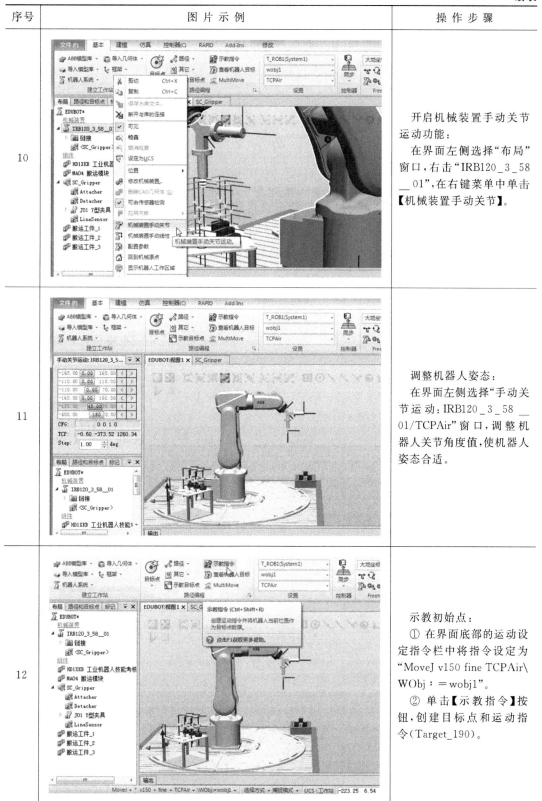	开启机械装置手动关节运动功能： 在界面左侧选择"布局"窗口，右击"IRB120_3_58_01"，在右键菜单中单击【机械装置手动关节】。
11		调整机器人姿态： 在界面左侧选择"手动关节运动：IRB120_3_58_01/TCPAir"窗口，调整机器人关节角度值，使机器人姿态合适。
12		示教初始点： ① 在界面底部的运动设定指令栏中将指令设定为"MoveJ v150 fine TCPAir\WObj：=wobj1"。 ② 单击【示教指令】按钮，创建目标点和运动指令（Target_190）。

序号	图 片 示 例	操 作 步 骤
13	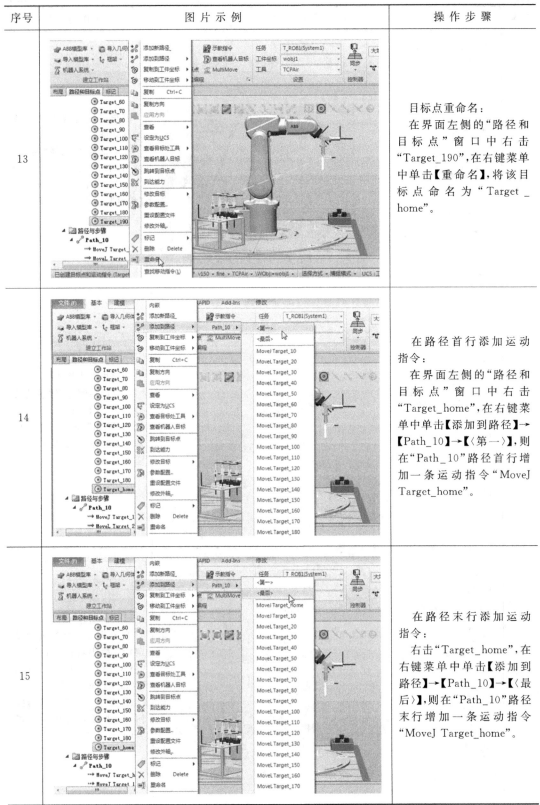	目标点重命名： 在界面左侧的"路径和目标点"窗口中右击"Target_190"，在右键菜单中单击【重命名】，将该目标点命名为"Target_home"。
14		在路径首行添加运动指令： 在界面左侧的"路径和目标点"窗口中右击"Target_home"，在右键菜单中单击【添加到路径】→【Path_10】→【〈第一〉】，则在"Path_10"路径首行增加一条运动指令"MoveJ Target_home"。
15		在路径末行添加运动指令： 右击"Target_home"，在右键菜单中单击【添加到路径】→【Path_10】→【〈最后〉】，则在"Path_10"路径末行增加一条运动指令"MoveJ Target_home"。

续表

序号	图 片 示 例	操 作 步 骤
16	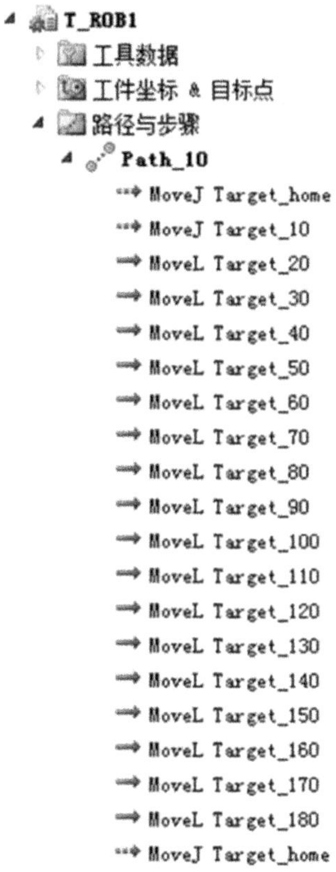	查看运动指令： 在界面左侧的"路径和目标点"窗口中，可查看Path_10 路径的所有运动指令。
17	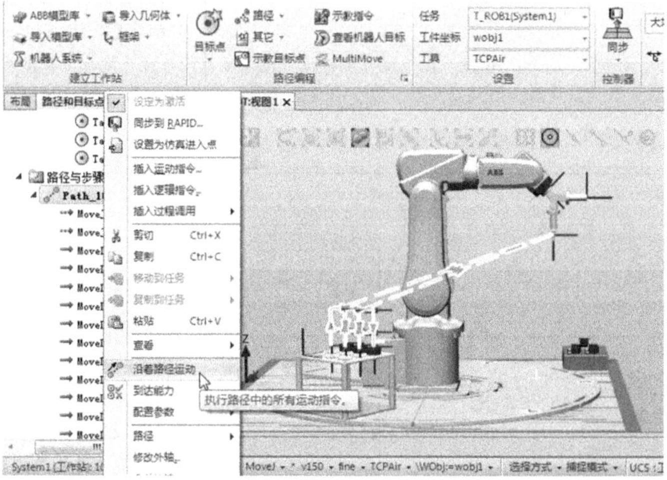	验证路径： 在界面左侧的"路径和目标点"窗口中右击"Path_10"，在右键菜单中单击【沿着路径运动】，机器人开始沿着示教好的路径运动。

6.4.3　I/O 指令添加

路径创建完成后还需要插入 I/O 指令，控制工具的抓取和释放动作。插入 I/O 指令的具体操作步骤见表 6-14。

表 6-14 I/O 指令添加操作步骤

序号	图 片 示 例	操 作 步 骤
1	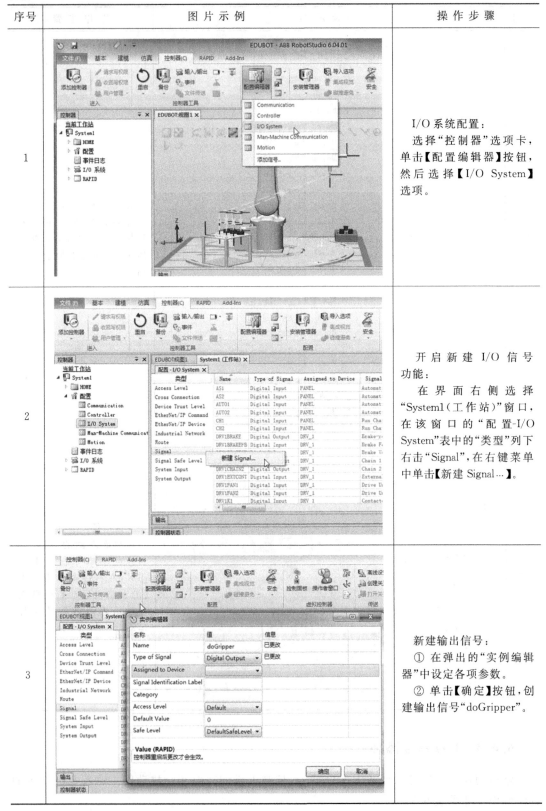	I/O 系统配置: 选择"控制器"选项卡,单击【配置编辑器】按钮,然后选择【I/O System】选项。
2		开启新建 I/O 信号功能: 在界面右侧选择"System1(工作站)"窗口,在该窗口的"配置-I/O System"表中的"类型"列下右击"Signal",在右键菜单中单击【新建 Signal…】。
3		新建输出信号: ① 在弹出的"实例编辑器"中设定各项参数。 ② 单击【确定】按钮,创建输出信号"doGripper"。

续表

序号	图 片 示 例	操 作 步 骤
4	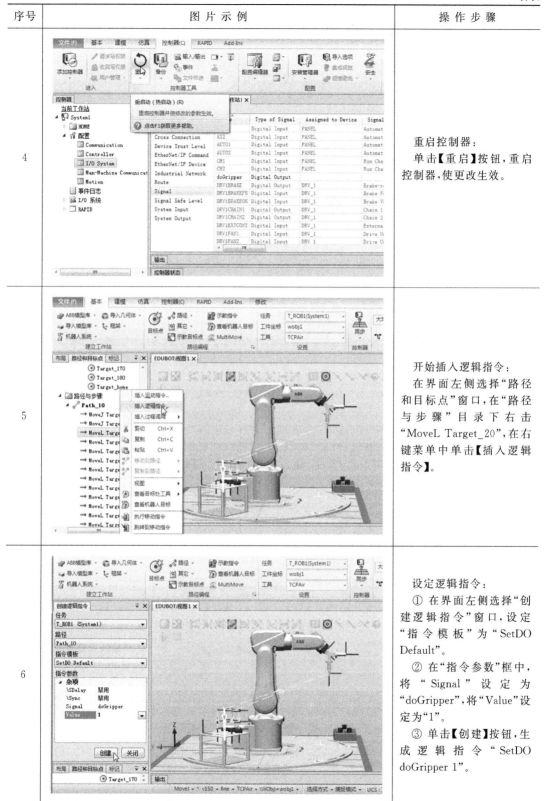	重启控制器： 单击【重启】按钮，重启控制器，使更改生效。
5		开始插入逻辑指令： 在界面左侧选择"路径和目标点"窗口，在"路径与步骤"目录下右击"MoveL Target_20"，在右键菜单中单击【插入逻辑指令】。
6		设定逻辑指令： ① 在界面左侧选择"创建逻辑指令"窗口，设定"指令模板"为"SetDO Default"。 ② 在"指令参数"框中，将"Signal"设定为"doGripper"，将"Value"设定为"1"。 ③ 单击【创建】按钮，生成逻辑指令"SetDO doGripper 1"。

序号	图 片 示 例	操 作 步 骤
7	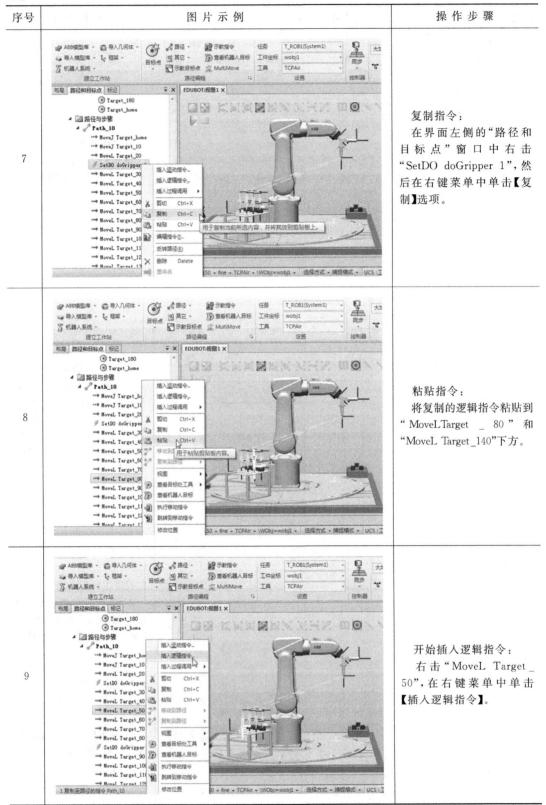	复制指令： 在界面左侧的"路径和目标点"窗口中右击"SetDO doGripper 1"，然后在右键菜单中单击【复制】选项。
8		粘贴指令： 将复制的逻辑指令粘贴到"MoveL Target_80"和"MoveL Target_140"下方。
9		开始插入逻辑指令： 右击"MoveL Target_50"，在右键菜单中单击【插入逻辑指令】。

续表

序号	图片示例	操作步骤
10	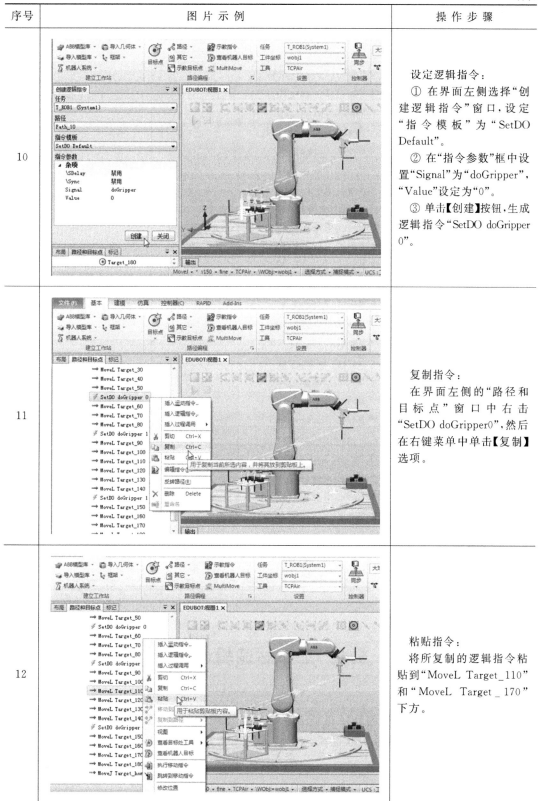	设定逻辑指令： ① 在界面左侧选择"创建逻辑指令"窗口，设定"指令模板"为"SetDO Default"。 ② 在"指令参数"框中设置"Signal"为"doGripper"，"Value"设定为"0"。 ③ 单击【创建】按钮，生成逻辑指令"SetDO doGripper 0"。
11		复制指令： 在界面左侧的"路径和目标点"窗口中右击"SetDO doGripper0"，然后在右键菜单中单击【复制】选项。
12		粘贴指令： 将所复制的逻辑指令粘贴到"MoveL Target_110"和"MoveL Target_170"下方。

序号	图 片 示 例	操 作 步 骤
13	MoveJ Target_home MoveJ Target_10 MoveL Target_20 SetDO doGripper 1 MoveL Target_30 MoveL Target_40 MoveL Target_50 SetDO doGripper 0 MoveL Target_60 MoveL Target_70 MoveL Target_80 SetDO doGripper 1 MoveL Target_90 MoveL Target_100 MoveL Target_110 SetDO doGripper 0 MoveL Target_120 MoveL Target_130 MoveL Target_140 SetDO doGripper 1 MoveL Target_150 MoveL Target_160 MoveL Target_170 SetDO doGripper 0 MoveL Target_180 MoveJ Target_home	I/O指令插入完成。

6.5　工作站逻辑设定

在之前的操作中,已经创建了机器人系统和动态搬运工具,现在要将工作站中这两个单元的信号关联起来。在搬运实训仿真中设定工作站逻辑的具体操作步骤见表6-15。

工作站逻辑设定

表 6-15　搬运实训仿真工作站逻辑设定操作步骤

序号	图 片 示 例	操 作 步 骤
1	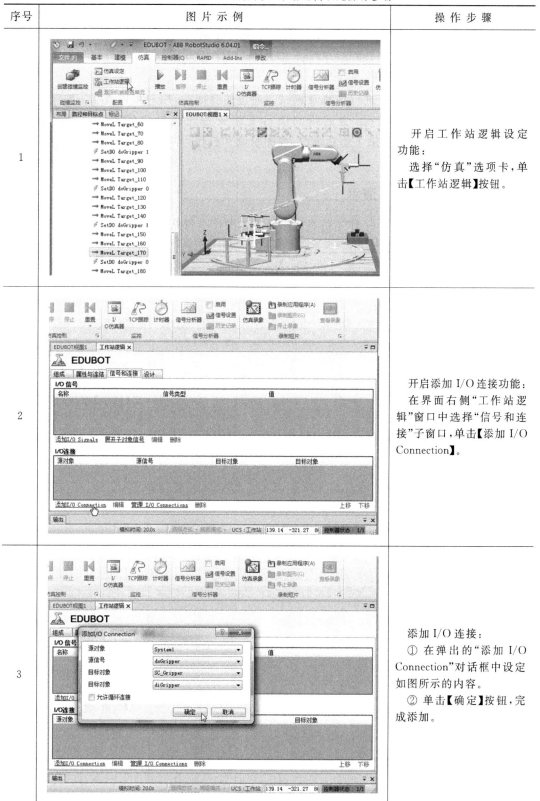	开启工作站逻辑设定功能： 　选择"仿真"选项卡，单击【工作站逻辑】按钮。
2		开启添加 I/O 连接功能： 　在界面右侧"工作站逻辑"窗口中选择"信号和连接"子窗口，单击【添加 I/O Connection】。
3		添加 I/O 连接： 　① 在弹出的"添加 I/O Connection"对话框中设定如图所示的内容。 　② 单击【确定】按钮，完成添加。

165

6.6 仿真及调试

完成路径创建后，即可进行仿真及调试。通过仿真演示，用户可以直观地看到机器人的运动情况，为后续的项目实施或者优化提供依据。RobotStudio 仿真软件还提供了仿真录像、视图录制和打包等功能，以方便用户之间进行交流讨论。

仿真及调试

6.6.1 工作站仿真演示

在搬运实训仿真中进行工作站仿真演示的具体操作步骤见表 6-16。

表 6-16　搬运实训仿真工作站仿真演示操作步骤

序号	图 片 示 例	操 作 步 骤
1	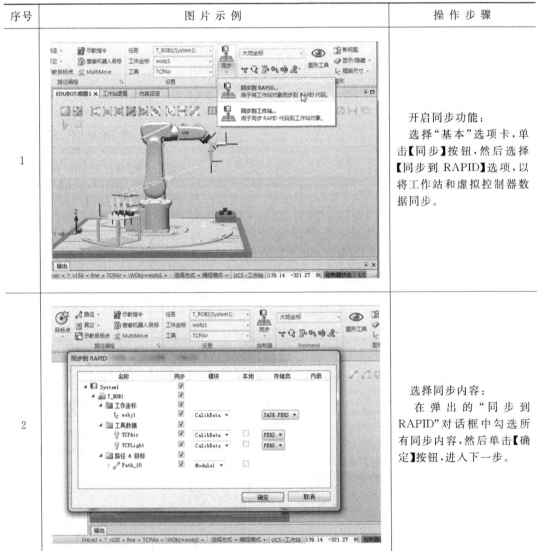	开启同步功能： 选择"基本"选项卡，单击【同步】按钮，然后选择【同步到 RAPID】选项，以将工作站和虚拟控制器数据同步。
2		选择同步内容： 在弹出的"同步到 RAPID"对话框中勾选所有同步内容，然后单击【确定】按钮，进入下一步。

续表

序号	图 片 示 例	操 作 步 骤
3	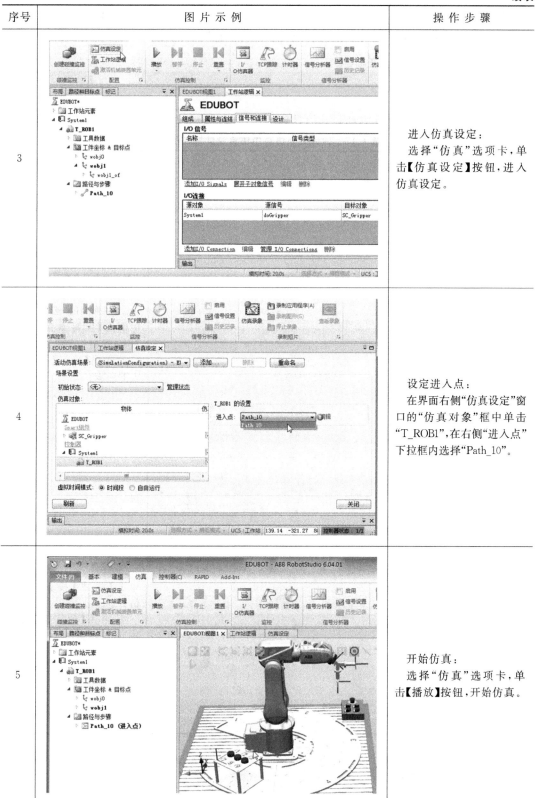	进入仿真设定： 选择"仿真"选项卡，单击【仿真设定】按钮，进入仿真设定。
4		设定进入点： 在界面右侧"仿真设定"窗口的"仿真对象"框中单击"T_ROB1"，在右侧"进入点"下拉框内选择"Path_10"。
5		开始仿真： 选择"仿真"选项卡，单击【播放】按钮，开始仿真。

仿真结束后 1、2、3 号圆形凹槽中的工件被搬运到 4、5、6 号圆形凹槽中。由于本章涉及的信号和组件较多,仿真过程中信号和组件状态变化不定,所以可以在仿真开始前点击【重置】按钮的下拉箭头,在下拉菜单中选择"保存当前状态",将当前机器人、模型、组件等的状态保存,以便仿真后快速还原。

6.6.2 仿真录像

在搬运实训仿真中进行仿真录像的具体操作步骤见表 6-17。

表 6-17 搬运实训仿真中仿真录像操作步骤

序号	图 片 示 例	操 作 步 骤
1	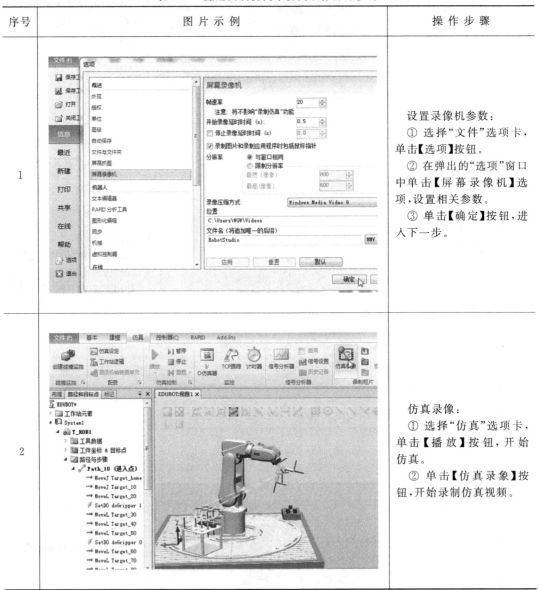	设置录像机参数: ① 选择"文件"选项卡,单击【选项】按钮。 ② 在弹出的"选项"窗口中单击【屏幕录像机】选项,设置相关参数。 ③ 单击【确定】按钮,进入下一步。
2		仿真录像: ① 选择"仿真"选项卡,单击【播放】按钮,开始仿真。 ② 单击【仿真录象】按钮,开始录制仿真视频。

6.6.3 录制视图

在搬运实训仿真中录制视图的具体操作步骤见表 6-18。

表 6-18　搬运实训仿真视图录制操作步骤

序号	图 片 示 例	操 作 步 骤
1	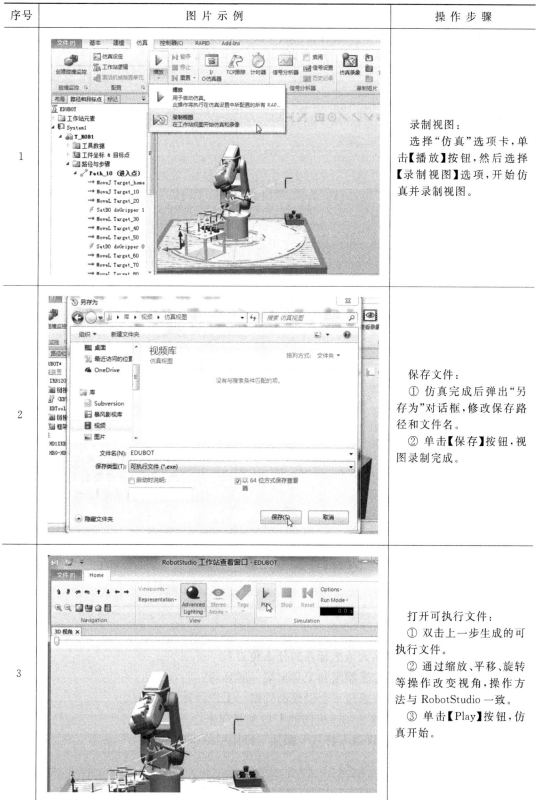	录制视图： 　选择"仿真"选项卡，单击【播放】按钮，然后选择【录制视图】选项，开始仿真并录制视图。
2		保存文件： 　① 仿真完成后弹出"另存为"对话框，修改保存路径和文件名。 　② 单击【保存】按钮，视图录制完成。
3		打开可执行文件： 　① 双击上一步生成的可执行文件。 　② 通过缩放、平移、旋转等操作改变视角，操作方法与 RobotStudio 一致。 　③ 单击【Play】按钮，仿真开始。

6.6.4 打包工作站

在搬运实训仿真中打包工作站的具体操作步骤见表 6-19。

表 6-19 搬运实训仿真打包工作站操作步骤

序号	图 片 示 例	操 作 步 骤
1	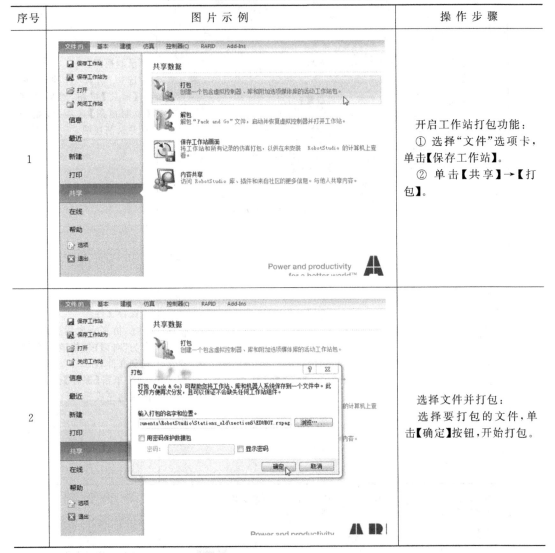	开启工作站打包功能： ① 选择"文件"选项卡，单击【保存工作站】。 ② 单击【共享】→【打包】。
2		选择文件并打包： 选择要打包的文件，单击【确定】按钮，开始打包。

思考与练习

1. 新建的 Smart 组件在大地坐标系的什么位置？

2. 如何保证虚拟检测传感器跟着工具末端一起移动？

3. 如何保证虚拟检测传感器不会误检测到搬运工件以外的模型？

4. 如何将机器人 I/O 与 Smart 组件的 I/O 联系起来？

5. 添加额外的程序，让机器人将三个搬运工件搬回原来的位置。

第7章 输送带搬运实训仿真

本章要点

- 加载工业机器人及周边模型；
- 创建系统；
- 利用 Smart 组件创建动态输送带；
- 利用 Smart 组件创建动态工具；
- 创建搬运程序；
- 仿真演示；
- 录制视频和制作可执行文件；
- 文件共享。

本章介绍输送带搬运实训仿真。实训任务是利用 Smart 组件创建一个输送带搬运的仿真动画。Smart 组件就是在 RobotStudio 中实现动画效果的高效工具。要完成本实训仿真任务，需要进行输送带搬运实训工作站搭建、机器人系统创建、动态输送带创建、动态搬运工具创建、搬运程序创建、工作站逻辑设定、仿真及调试这七个部分的操作。通过本章的学习，用户可以掌握模型的导入和安装、利用 Smart 组件创建动态工具和动态输送带、工作站逻辑设定、搬运路径示教、仿真及调试等操作的技巧。

7.1 输送带搬运实训工作站搭建

要完成仿真任务，用户首先需要将涉及的机械模型加载到工作站中。输送带搬运实训工作站的搭建包括以下内容：

(1) 实训台安装；
(2) 机器人安装；
(3) 工具安装；
(4) 输送带搬运实训模块安装。

输送带搬运实训
工作站搭建

7.1.1 实训台安装

安装输送带搬运实训台的具体操作步骤见表 7-1。

表 7-1 输送带搬运实训台安装操作步骤

序号	图 片 示 例	操 作 步 骤
1		新建空工作站: 选择"文件"选项卡,单击【新建】→【空工作站】→【创建】,新建空工作站。
2		导入实训台: 选择"基本"选项卡,单击【导入模型库】按钮,然后选择【浏览库文件】选项,在弹出的浏览窗口中选中并打开"HD1XKB 工业机器人技能考核实训台.rslib"。
3		移动实训台: ① 在界面左侧选择"布局"窗口,选中"HD1XKB 工业机器人技能考核实训台"。 ② 选择"基本"选项卡,单击"Freehand"区的【移动】按钮,实训台上出现三维坐标轴。

续表

序号	图　片　示　例	操　作　步　骤
4	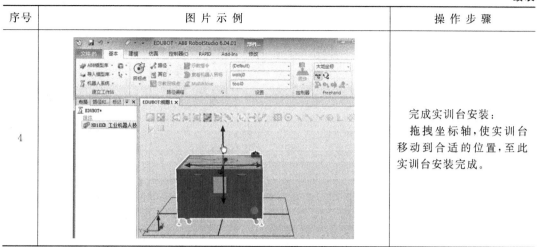	完成实训台安装： 　拖拽坐标轴，使实训台移动到合适的位置，至此实训台安装完成。

7.1.2　机器人安装

本章选择的是 IRB 120 机器人。安装 IRB 120 机器人的具体操作步骤见表 7-2。

表 7-2　输送带搬运实训仿真机器人安装操作步骤

序号	图　片　示　例	操　作　步　骤
1	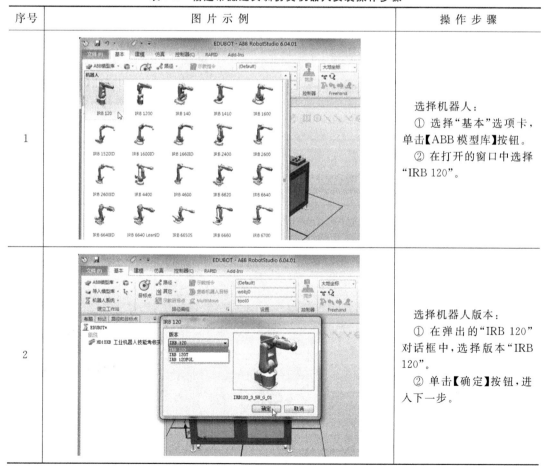	选择机器人： 　① 选择"基本"选项卡，单击【ABB 模型库】按钮。 　② 在打开的窗口中选择"IRB 120"。
2		选择机器人版本： 　① 在弹出的"IRB 120"对话框中，选择版本"IRB 120"。 　② 单击【确定】按钮，进入下一步。

序号	图 片 示 例	操 作 步 骤
3		设置机器人的安装位置： 在界面左侧选择"布局"窗口，右击"IRB 120_3_58__01"，在右键菜单中单击【安装到】→【HD1XKB 工业机器人技能考核实训台】。
4		安装机器人： 在弹出的"更新位置"对话框中单击【是（Y）】按钮，更新机器人位置。
5		进入角度设定： 在界面左侧选择"布局"窗口，右击"IRB 120_3_58__01"，在右键菜单中单击【位置】→【设定位置】。

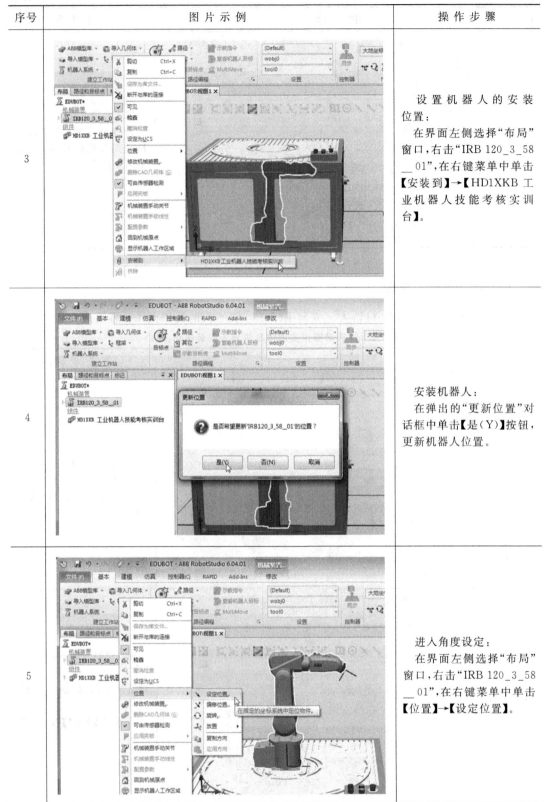

续表

序号	图 片 示 例	操 作 步 骤
6	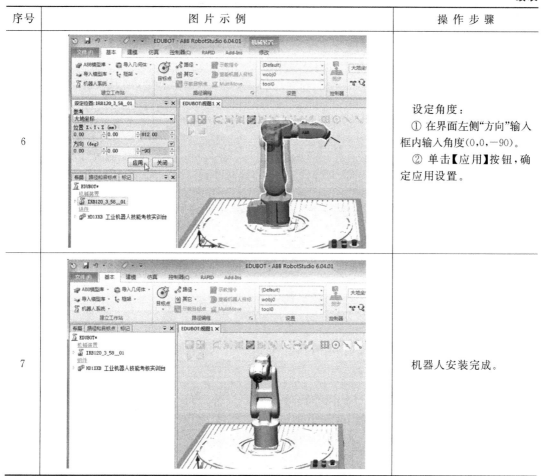	设定角度： ① 在界面左侧"方向"输入框内输入角度(0,0,−90)。 ② 单击【应用】按钮，确定应用设置。
7	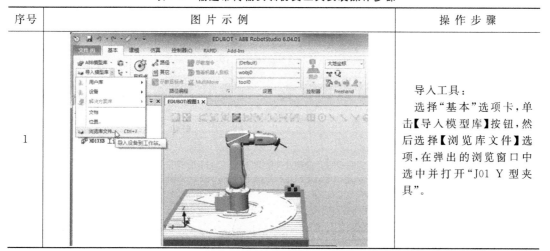	机器人安装完成。

7.1.3 工具安装

本章选择的是 J01 Y 型夹具。安装 J01 Y 型夹具的具体操作步骤见表 7-3。

表 7-3 输送带传输实训仿真工具安装操作步骤

序号	图 片 示 例	操 作 步 骤
1		导入工具： 选择"基本"选项卡，单击【导入模型库】按钮，然后选择【浏览库文件】选项，在弹出的浏览窗口中选中并打开"J01 Y 型夹具"。

序号	图 片 示 例	操作步骤
2	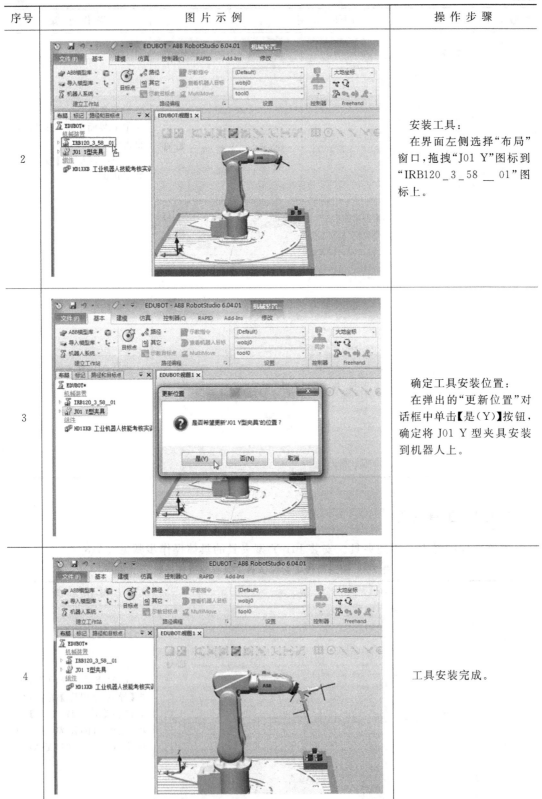	安装工具： 　　在界面左侧选择"布局"窗口，拖拽"J01 Y"图标到"IRB120_3_58__01"图标上。
3		确定工具安装位置： 　　在弹出的"更新位置"对话框中单击【是（Y）】按钮，确定将 J01 Y 型夹具安装到机器人上。
4		工具安装完成。

7.1.4　输送带搬运实训模块安装

本任务中选择安装 MA05 异步输送带实训模块。该模块上电后,输送带转动,工件从带的一端运行至另一端,端部单射光电开关感应到工件后发出工件到位信号。安装输送带搬运实训模块的具体操作步骤见表 7-4。

表 7-4　输送带搬运实训模块安装操作步骤

序号	图片示例	操作步骤
1		导入实训模块: 选择"基本"选项卡,单击【导入模型库】按钮,然后选择【浏览库文件】选项,在弹出的浏览窗口中选中并打开"MA05 异步输送带模块.rslib"。
2		开启移动实训模块功能: ① 在界面左侧选择"布局"窗口,选中"MA05 异步输送带模块"。 ② 选择"基本"选项卡,单击"Freehand"区的【移动】按钮,实训模块上出现三维坐标轴。
3		移动实训模块: 拖拽实训模块到合适的位置。

序号	图 片 示 例	操 作 步 骤
4	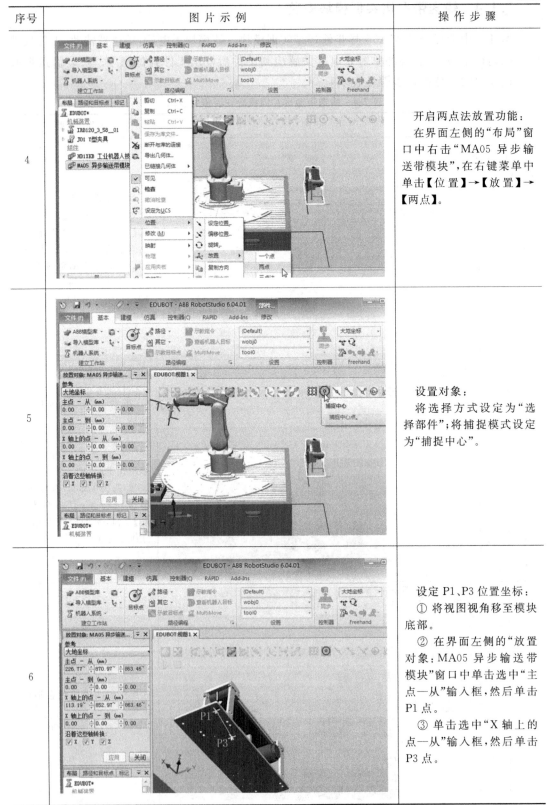	开启两点法放置功能： 在界面左侧的"布局"窗口中右击"MA05 异步输送带模块"，在右键菜单中单击【位置】→【放置】→【两点】。
5		设置对象： 将选择方式设定为"选择部件"；将捕捉模式设定为"捕捉中心"。
6		设定 P1、P3 位置坐标： ① 将视图视角移至模块底部。 ② 在界面左侧的"放置对象：MA05 异步输送带模块"窗口中单击选中"主点—从"输入框，然后单击P1 点。 ③ 单击选中"X 轴上的点—从"输入框，然后单击P3 点。

续表

序号	图 片 示 例	操 作 步 骤
7	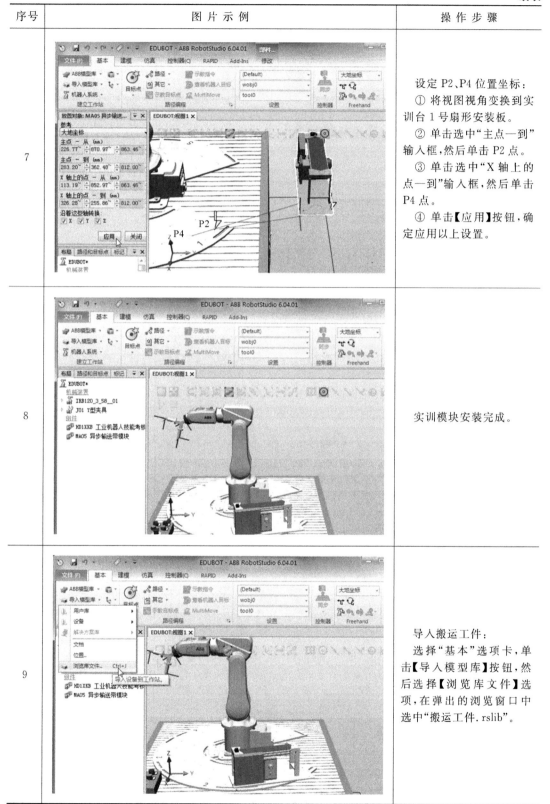	设定 P2、P4 位置坐标： ① 将视图视角变换到实训台 1 号扇形安装板。 ② 单击选中"主点—到"输入框，然后单击 P2 点。 ③ 单击选中"X 轴上的点—到"输入框，然后单击 P4 点。 ④ 单击【应用】按钮，确定应用以上设置。
8		实训模块安装完成。
9		导入搬运工件： 选择"基本"选项卡，单击【导入模型库】按钮，然后选择【浏览库文件】选项，在弹出的浏览窗口中选中"搬运工件.rslib"。

序号	图 片 示 例	操 作 步 骤
10	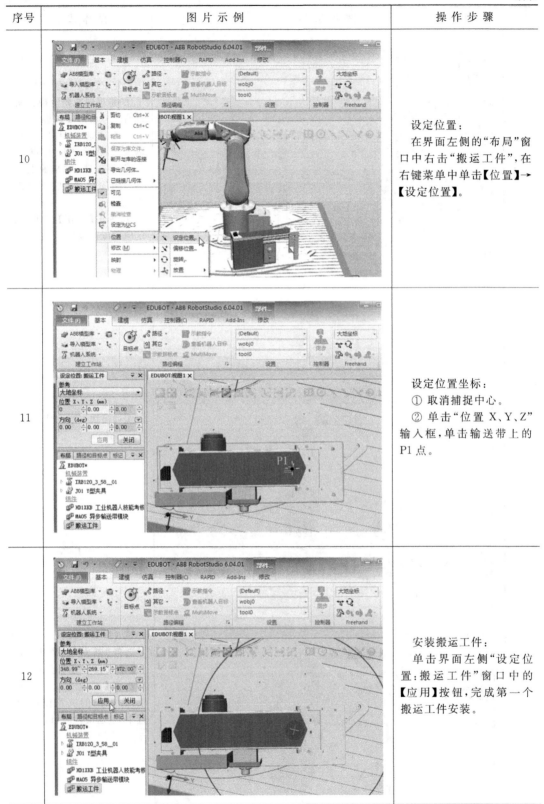	设定位置： 在界面左侧的"布局"窗口中右击"搬运工件"，在右键菜单中单击【位置】→【设定位置】。
11		设定位置坐标： ① 取消捕捉中心。 ② 单击"位置 X、Y、Z"输入框，单击输送带上的 P1 点。
12		安装搬运工件： 单击界面左侧"设定位置：搬运工件"窗口中的【应用】按钮，完成第一个搬运工件安装。

续表

序号	图 片 示 例	操 作 步 骤
13	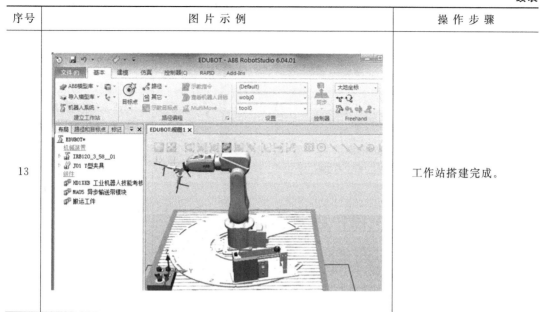	工作站搭建完成。

7.2　机器人系统创建

机器人系统创建

机器人系统创建的具体操作步骤见表 7-5。

表 7-5　输送带搬运实训仿真机器人系统创建操作步骤

序号	图 片 示 例	操 作 步 骤
1	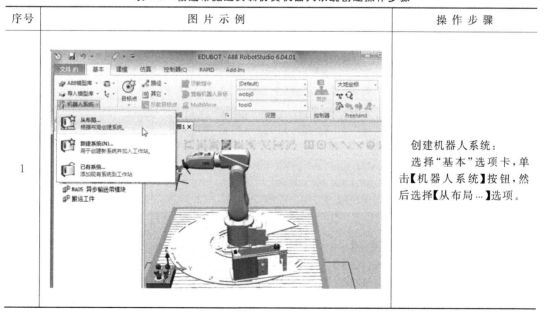	创建机器人系统： 选择"基本"选项卡，单击【机器人系统】按钮，然后选择【从布局…】选项。

序号	图 片 示 例	操 作 步 骤
2	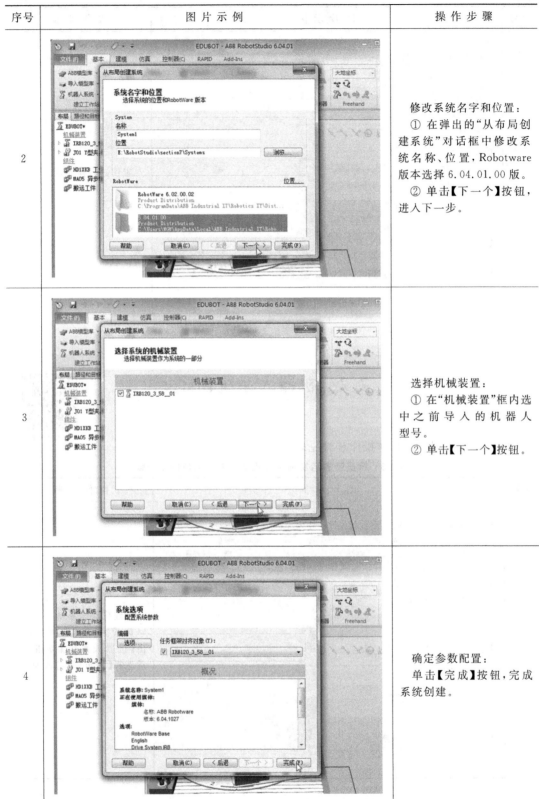	修改系统名字和位置： ① 在弹出的"从布局创建系统"对话框中修改系统名称、位置，Robotware版本选择 6.04.01.00 版。 ② 单击【下一个】按钮，进入下一步。
3		选择机械装置： ① 在"机械装置"框内选中之前导入的机器人型号。 ② 单击【下一个】按钮。
4		确定参数配置： 单击【完成】按钮，完成系统创建。

7.3　动态输送带创建

本任务要达到的仿真效果是:仿真开始时,在输送带的一端产生物料,物料随着输送带往另一端运动。当传感器检测到物料时,物料停止运动。当物料离开传感器检测范围时,输送带上再次产生物料,开始下一个循环。创建动态输送带需要进行以下操作:

动态输送带创建

(1) 物料源设定;

(2) 运动属性设定;

(3) 限位传感器创建;

(4) 属性与联结设定;

(5) 信号和连接设定。

7.3.1　物料源设定

物料源设定的具体操作步骤见表 7-6。

表 7-6　物料源设定操作步骤

序号	图 片 示 例	操 作 步 骤
1	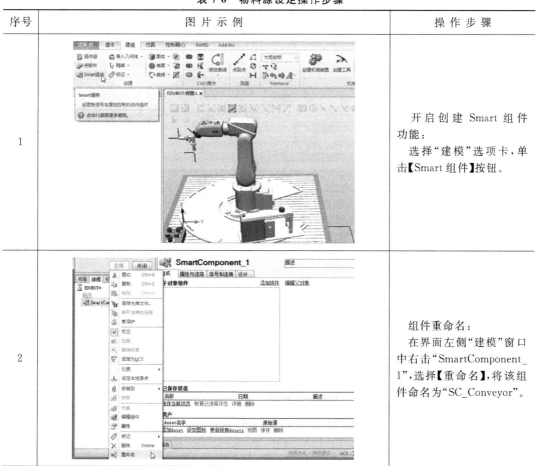	开启创建 Smart 组件功能: 选择"建模"选项卡,单击【Smart 组件】按钮。
2		组件重命名: 在界面左侧"建模"窗口中右击"SmartComponent_1",选择【重命名】,将该组件命名为"SC_Conveyor"。

序号	图 片 示 例	操 作 步 骤
3	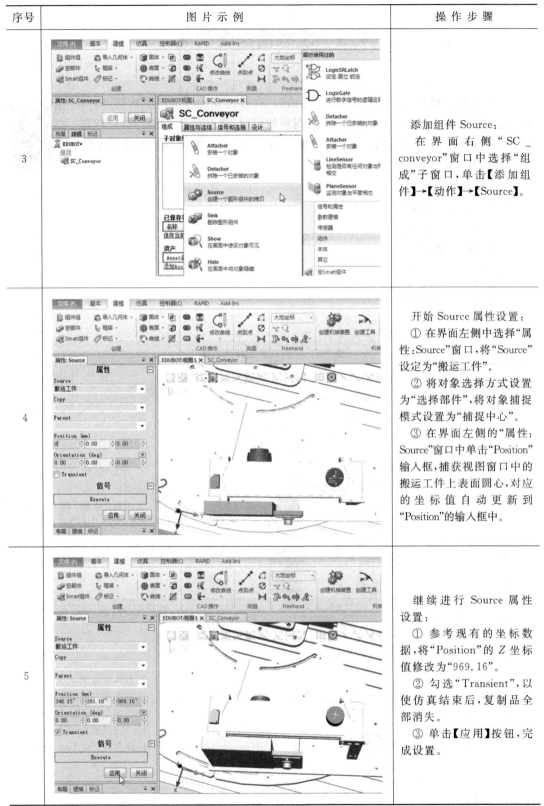	添加组件 Source： 在界面右侧"SC_conveyor"窗口中选择"组成"子窗口，单击【添加组件】→【动作】→【Source】。
4		开始 Source 属性设置： ① 在界面左侧中选择"属性：Source"窗口，将"Source"设定为"搬运工件"。 ② 将对象选择方式设置为"选择部件"，将对象捕捉模式设置为"捕捉中心"。 ③ 在界面左侧的"属性：Source"窗口中单击"Position"输入框，捕获视图窗口中的搬运工件上表面圆心，对应的坐标值自动更新到"Position"的输入框中。
5		继续进行 Source 属性设置： ① 参考现有的坐标数据，将"Position"的 Z 坐标值修改为"969.16"。 ② 勾选"Transient"，以使仿真结束后，复制品全部消失。 ③ 单击【应用】按钮，完成设置。

说明：

（1）因为在步骤 4 中捕获的是搬运工件上表面圆心位置，而在步骤 5 中要获取的是下表面圆心位置，所以将所得的 Z 坐标值减少 20mm。

（2）子组件 Source 用于设定产品源，每当触发 Source 执行一次，都会自动生成一个产品源的复制品。将要搬运的工件设为产品源，则每次触发后都会产生一个搬运工件的复制品。

7.3.2　运动属性设定

完成物料源设定后，接下来要进行运动属性设定。运动属性设定的具体操作步骤见表 7-7。

表 7-7　运动属性设定操作步骤

序号	图 片 示 例	操 作 步 骤
1	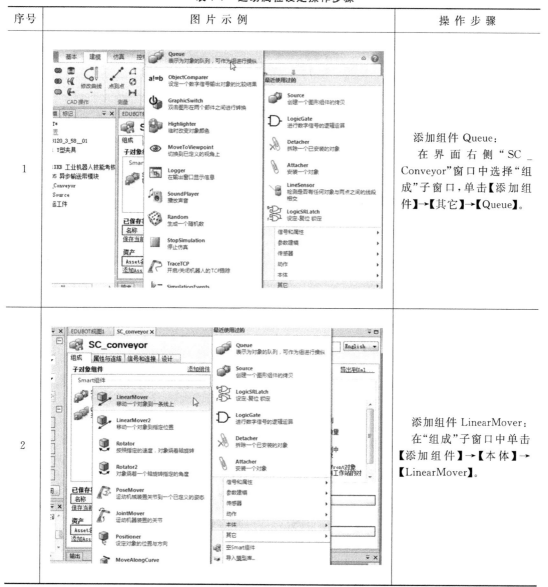	添加组件 Queue： 在界面右侧"SC_Conveyor"窗口中选择"组成"子窗口，单击【添加组件】→【其它】→【Queue】。
2		添加组件 LinearMover： 在"组成"子窗口中单击【添加组件】→【本体】→【LinearMover】。

序号	图片示例	操作步骤
3	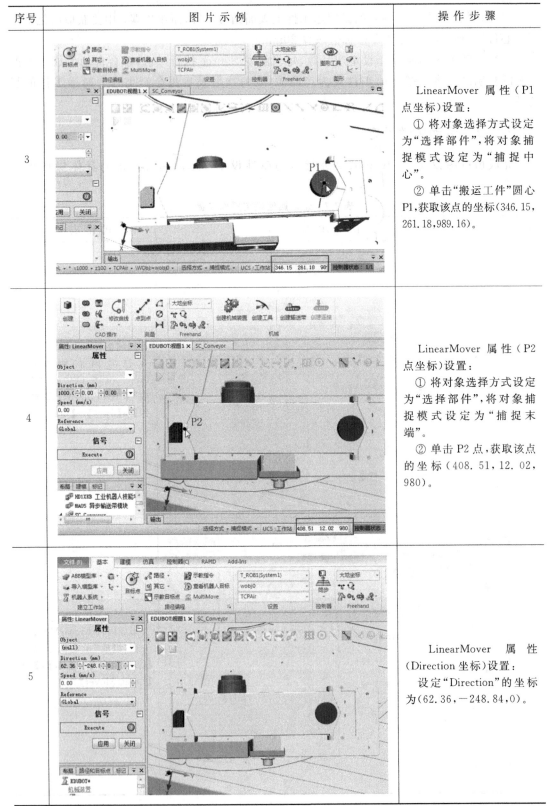	LinearMover 属性（P1 点坐标）设置： ① 将对象选择方式设定为"选择部件"，将对象捕捉模式设定为"捕捉中心"。 ② 单击"搬运工件"圆心 P1，获取该点的坐标（346.15，261.18，989.16）。
4		LinearMover 属性（P2 点坐标）设置： ① 将对象选择方式设定为"选择部件"，将对象捕捉模式设定为"捕捉末端"。 ② 单击 P2 点，获取该点的坐标（408.51，12.02，980）。
5		LinearMover 属性（Direction 坐标）设置： 设定"Direction"的坐标为（62.36，−248.84，0）。

续表

序号	图 片 示 例	操 作 步 骤
6	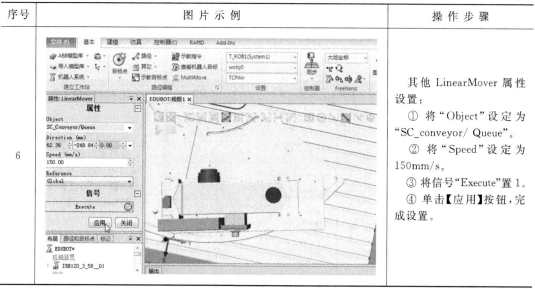	其他 LinearMover 属性设置： ① 将"Object"设定为"SC_conveyor/ Queue"。 ② 将"Speed"设定为 150mm/s。 ③ 将信号"Execute"置 1。 ④ 单击【应用】按钮，完成设置。

说明：

（1）子组件 Queue 可以将同类型物体做队列处理，此处 Queue 暂时不需要设置其属性。

（2）"Direction"的值决定了运动方向，该方向是由 P1 指向 P2，所以将 P2、P1 的 X、Y 坐标的差值（P2 的坐标减 P1 的坐标）分别设定为"Direction"的 X、Y 坐标，Z 坐标为 0。

7.3.3　限位传感器创建

本任务需要在输送带的挡板处设置限位传感器——面传感器 PlaneSensor，设定方法为捕捉一个点作为参考原点 Origin，然后设定基于原点 Origin 的两个延伸轴的方向及长度（参考大地坐标系方向），这样就构成了一个平面，按照图 7-1 所示来设定原点以及延伸轴。

在该平面上设置的面传感器用来检测产品到位，并会自动输出一个信号，用于逻辑控制。

创建面传感器 PlaneSensor 需要设定"Origin"、"Axis1"和"Axis2"这三个参数（见图 7-1）。

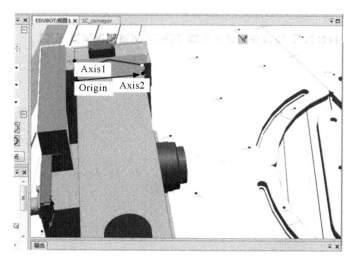

图 7-1　原点以及延伸轴

限位传感器创建的具体操作步骤见表 7-8。

表 7-8　限位传感器创建操作步骤

序号	图 片 示 例	操 作 步 骤
1	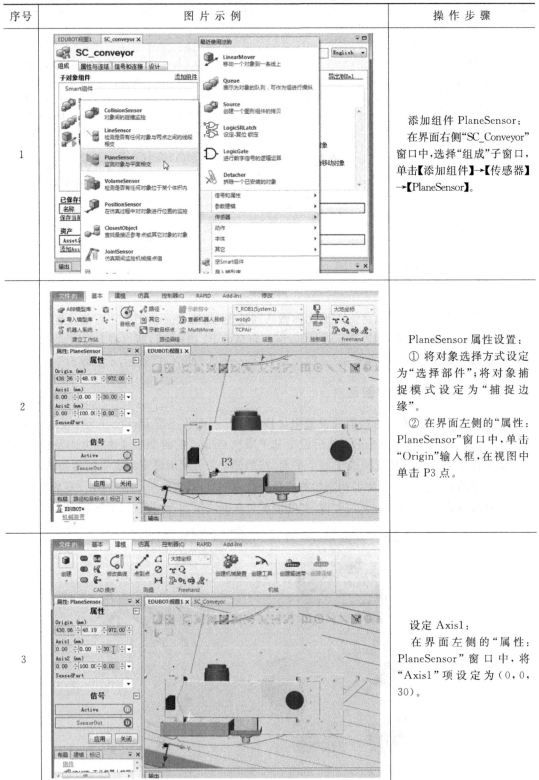	添加组件 PlaneSensor： 在界面右侧"SC_Conveyor"窗口中，选择"组成"子窗口，单击【添加组件】→【传感器】→【PlaneSensor】。
2		PlaneSensor 属性设置： ① 将对象选择方式设定为"选择部件"；将对象捕捉模式设定为"捕捉边缘"。 ② 在界面左侧的"属性：PlaneSensor"窗口中，单击"Origin"输入框，在视图中单击 P3 点。
3		设定 Axis1： 在界面左侧的"属性：PlaneSensor"窗口中，将"Axis1"项设定为（0，0，30）。

续表

序号	图 片 示 例	操 作 步 骤
4	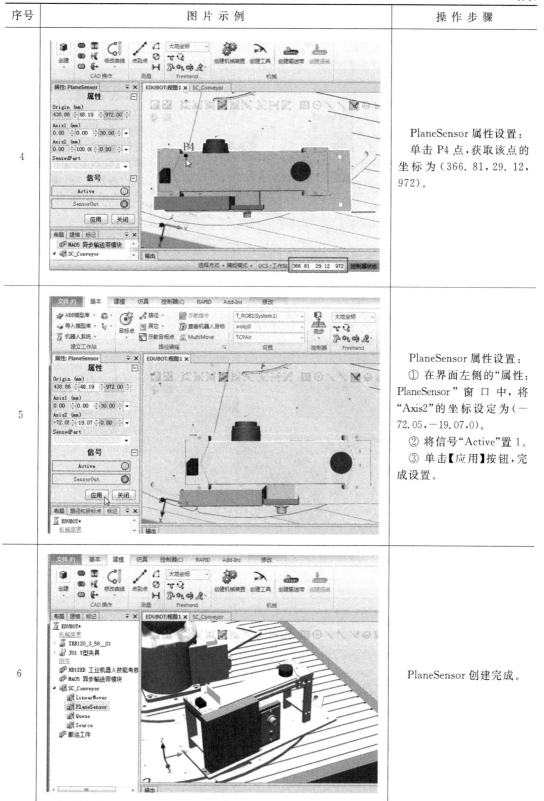	PlaneSensor 属性设置： 单击 P4 点，获取该点的坐标为（366.81，29.12，972）。
5		PlaneSensor 属性设置： ① 在界面左侧的"属性：PlaneSensor"窗口中，将"Axis2"的坐标设定为（-72.05，-19.07，0）。 ② 将信号"Active"置 1。 ③ 单击【应用】按钮，完成设置。
6		PlaneSensor 创建完成。

序号	图 片 示 例	操 作 步 骤
7	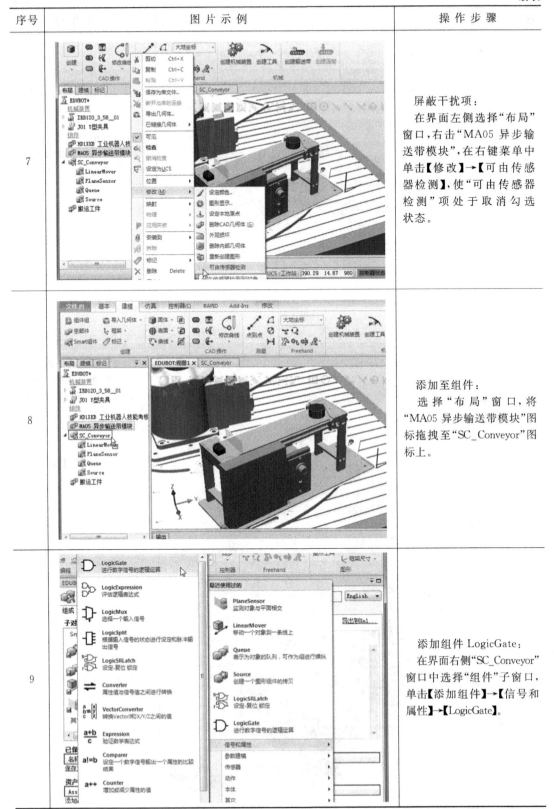	屏蔽干扰项： 在界面左侧选择"布局"窗口，右击"MA05 异步输送带模块"，在右键菜单中单击【修改】→【可由传感器检测】，使"可由传感器检测"项处于取消勾选状态。
8		添加至组件： 选择"布局"窗口，将"MA05 异步输送带模块"图标拖拽至"SC_Conveyor"图标上。
9		添加组件 LogicGate： 在界面右侧"SC_Conveyor"窗口中选择"组件"子窗口，单击【添加组件】→【信号和属性】→【LogicGate】。

续表

序号	图 片 示 例	操 作 步 骤
10	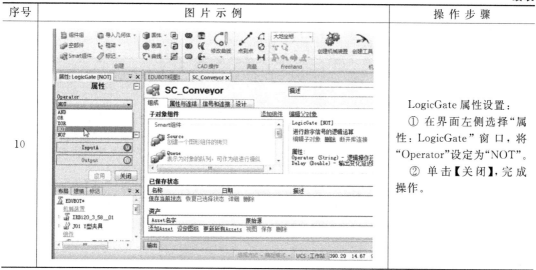	LogicGate 属性设置： ① 在界面左侧选择"属性：LogicGate"窗口，将"Operator"设定为"NOT"。 ② 单击【关闭】，完成操作。

说明：

在步骤 5 中，"Axis2"的方向是由 P3 指向 P4，所以将 P4、P3 的 X、Y 坐标的差值（P4 的坐标减 P3 的坐标）设定为"Axis2"的 X、Y 坐标，Z 坐标设定为 0。

在 Smart 组件应用中只有信号发生 0→1 的变化时，才可以触发事件。假如有一个信号 A，我们希望当信号 A 由 0 变成 1 时触发事件 B1，信号 A 由 1 变成 0 时触发事件 B2。这样，事件 B1 可以通过直接连接进行触发，但是事件 B2 就需要引入一个非门与 A 相连接，这样当信号 A 由 1 变成 0 时，经过非门运算之后就转换为由 0 变成 1，然后再与事件 B2 连接，最终当信号 A 由 1 变成 0 时即触发事件 B2。

7.3.4　属性与联结设置

在输送带搬运实训仿真中，属性与联结设置的具体操作步骤如表 7-9 所示。

表 7-9　输送带搬运实训仿真属性与联结设置操作步骤(一)

序号	图 片 示 例	操 作 步 骤
1		开始添加联结： 在界面右侧的"SC_Conveyor"窗口中选择"属性与连结"子窗口，单击【添加连结】。

序号	图 片 示 例	操作步骤
2	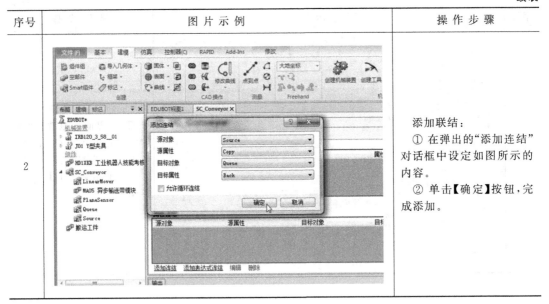	添加联结: ① 在弹出的"添加连结"对话框中设定如图所示的内容。 ② 单击【确定】按钮,完成添加。

说明:

在步骤 2 中,Source 的属性"Copy"指的是物料源的复制品,Queue 的属性"Back"指的是下一个将加入队列的物体。通过这样的联结,可实现产品源产生的复制品在"加入队列"这个动作触发后,被自动加入到队列 Queue 中,而 Queue 是一直执行线性运动的,则生成的复制品也会随着队列进行线性运动,而当执行退出队列操作时,复制品退出队列之后就会停止线性运动。

7.3.5　添加 I/O 信号和连接

下面进行 I/O 信号和连接添加,其具体操作步骤见表 7-10。

表 7-10　输送带搬运实训仿真 I/O 信号和连接添加操作步骤(一)

序号	图 片 示 例	操作步骤
1	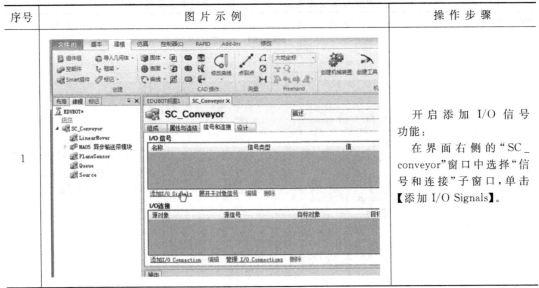	开启添加 I/O 信号功能: 在界面右侧的"SC_conveyor"窗口中选择"信号和连接"子窗口,单击【添加 I/O Signals】。

序号	图 片 示 例	操 作 步 骤
2	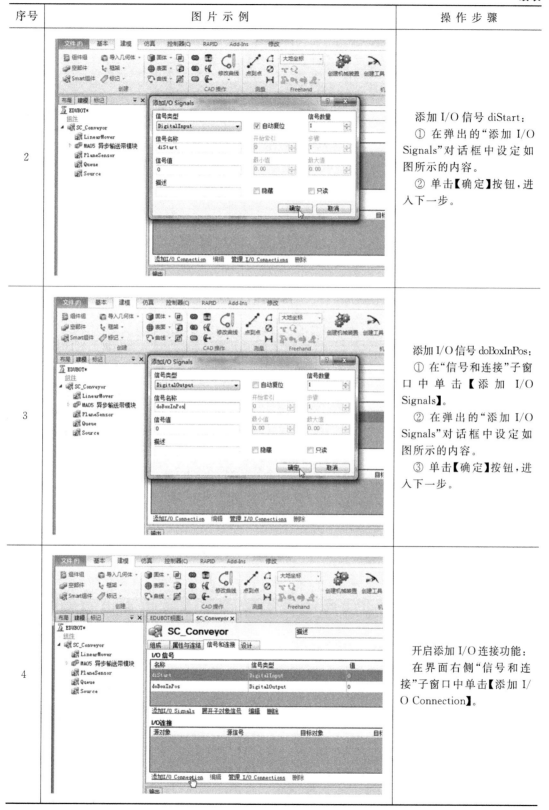	添加 I/O 信号 diStart： ① 在弹出的"添加 I/O Signals"对话框中设定如图所示的内容。 ② 单击【确定】按钮，进入下一步。
3		添加 I/O 信号 doBoxInPos： ① 在"信号和连接"子窗口中单击【添加 I/O Signals】。 ② 在弹出的"添加 I/O Signals"对话框中设定如图所示的内容。 ③ 单击【确定】按钮，进入下一步。
4		开启添加 I/O 连接功能： 在界面右侧"信号和连接"子窗口中单击【添加 I/O Connection】。

序号	图 片 示 例	操 作 步 骤
5	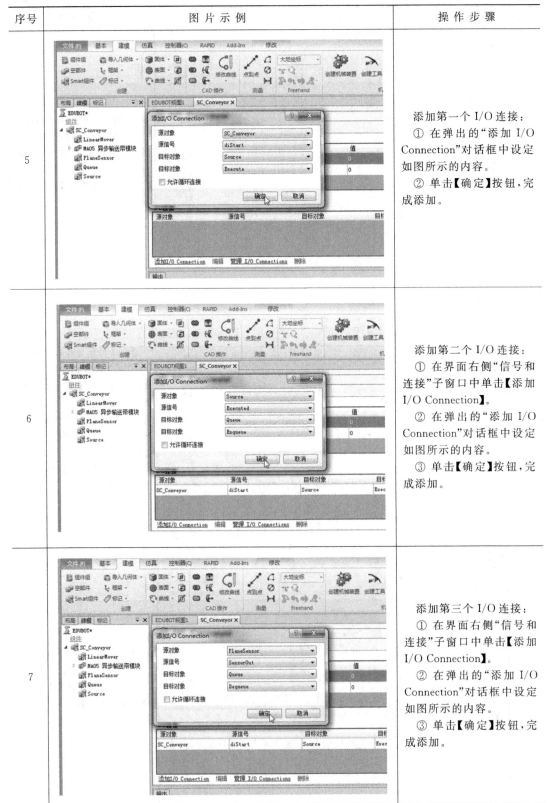	添加第一个I/O连接： ① 在弹出的"添加I/O Connection"对话框中设定如图所示的内容。 ② 单击【确定】按钮，完成添加。
6		添加第二个I/O连接： ① 在界面右侧"信号和连接"子窗口中单击【添加I/O Connection】。 ② 在弹出的"添加I/O Connection"对话框中设定如图所示的内容。 ③ 单击【确定】按钮，完成添加。
7		添加第三个I/O连接： ① 在界面右侧"信号和连接"子窗口中单击【添加I/O Connection】。 ② 在弹出的"添加I/O Connection"对话框中设定如图所示的内容。 ③ 单击【确定】按钮，完成添加。

续表

序号	图 片 示 例	操 作 步 骤
8	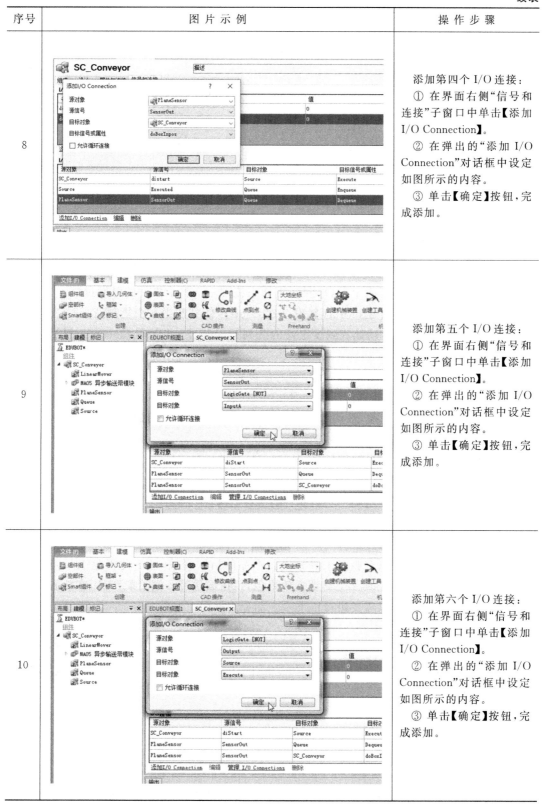	添加第四个 I/O 连接： ① 在界面右侧"信号和连接"子窗口中单击【添加 I/O Connection】。 ② 在弹出的"添加 I/O Connection"对话框中设定如图所示的内容。 ③ 单击【确定】按钮，完成添加。
9		添加第五个 I/O 连接： ① 在界面右侧"信号和连接"子窗口中单击【添加 I/O Connection】。 ② 在弹出的"添加 I/O Connection"对话框中设定如图所示的内容。 ③ 单击【确定】按钮，完成添加。
10		添加第六个 I/O 连接： ① 在界面右侧"信号和连接"子窗口中单击【添加 I/O Connection】。 ② 在弹出的"添加 I/O Connection"对话框中设定如图所示的内容。 ③ 单击【确定】按钮，完成添加。

续表

序号	图 片 示 例	操 作 步 骤
11		信号和连接设置完成。

在本任务中一共创建了六个 I/O 连接,下面来梳理一下整个事件的触发过程:

(1)利用创建的启动信号 diStart 触发一次 Source,使其产生一个复制品。

(2)复制品产生之后自动加入到设定好的队列 Queue 中,并随着 Queue 一起沿着输送带运动。

(3)当复制品运动到输送带末端时,与之前设置的面传感器 PlaneSensor 接触,并自动退出队列 Queue,同时复制品到位信号 doBoxInPos 被置 1。

(4)通过非门的中间连接,最终实现当复制品与面传感器不接触时,自动触发 Source,再次产生一个复制品。此后进入下一循环。

7.4 动态搬运工具创建

在本任务中使用一个真空吸盘工具来进行产品的拾取释放,基于此吸盘工具来创建一个具有 Smart 组件特性的工具。工具动态效果包含:在输送带一端拾取产品、在放置位置释放产品。创建动态搬运工具需要进行以下六个部分的操作:

(1)工具属性设定;

(2)检测传感器创建;

(3)拾取动作设定;

(4)属性与联结设定;

(5)信号和连接设定;

(6)动态模拟运行。

动态搬运工具
创建

7.4.1 工具属性设定

在本任务中将会创建一个 Smart 组件,使其具有工具的特性,来实现后续的动态效果。在输送带搬运实训仿真中,工具属性设定的具体操作步骤见表 7-11。

表 7-11　输送带搬运实训仿真工具属性设定操作步骤

序号	图 片 示 例	操 作 步 骤
1	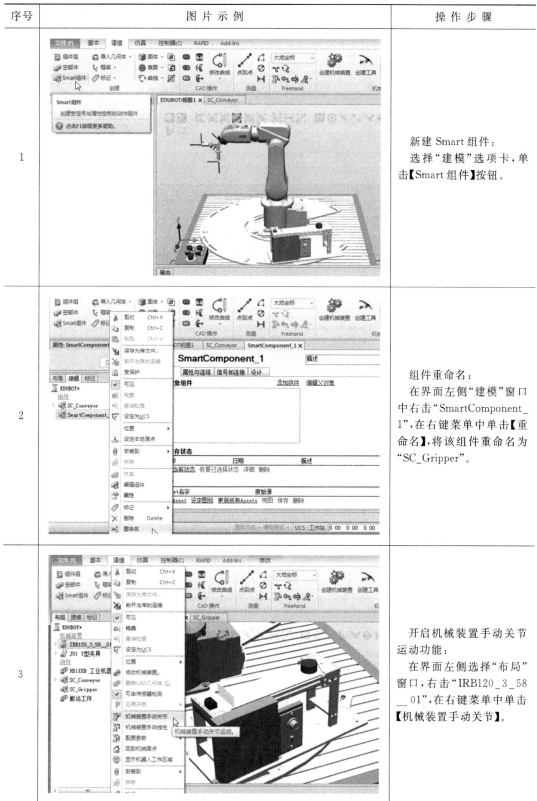	新建 Smart 组件： 选择"建模"选项卡，单击【Smart 组件】按钮。
2		组件重命名： 在界面左侧"建模"窗口中右击"SmartComponent_1"，在右键菜单中单击【重命名】，将该组件重命名为"SC_Gripper"。
3		开启机械装置手动关节运动功能： 在界面左侧选择"布局"窗口，右击"IRB120_3_58_01"，在右键菜单中单击【机械装置手动关节】。

续表

序号	图片示例	操作步骤
4	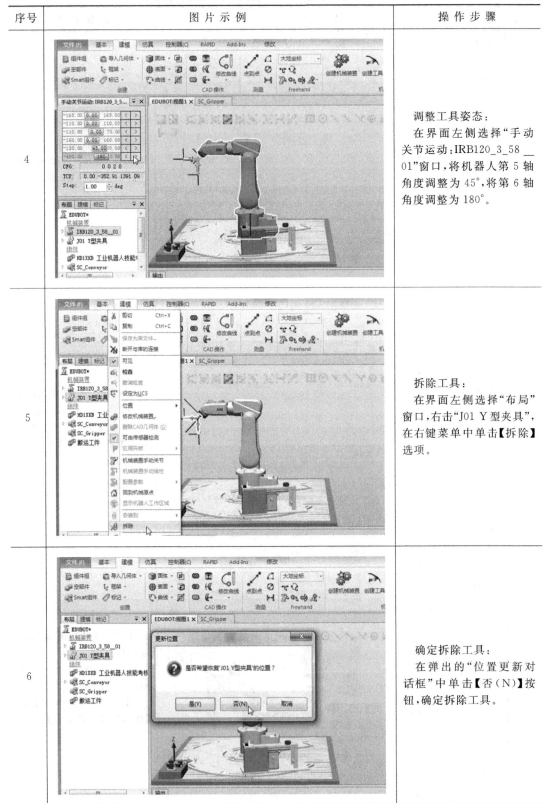	调整工具姿态： 在界面左侧选择"手动关节运动：IRB120_3_58＿01"窗口,将机器人第5轴角度调整为45°,将第6轴角度调整为180°。
5		拆除工具： 在界面左侧选择"布局"窗口,右击"J01 Y型夹具",在右键菜单中单击【拆除】选项。
6		确定拆除工具： 在弹出的"位置更新对话框"中单击【否(N)】按钮,确定拆除工具。

续表

序号	图 片 示 例	操 作 步 骤
7	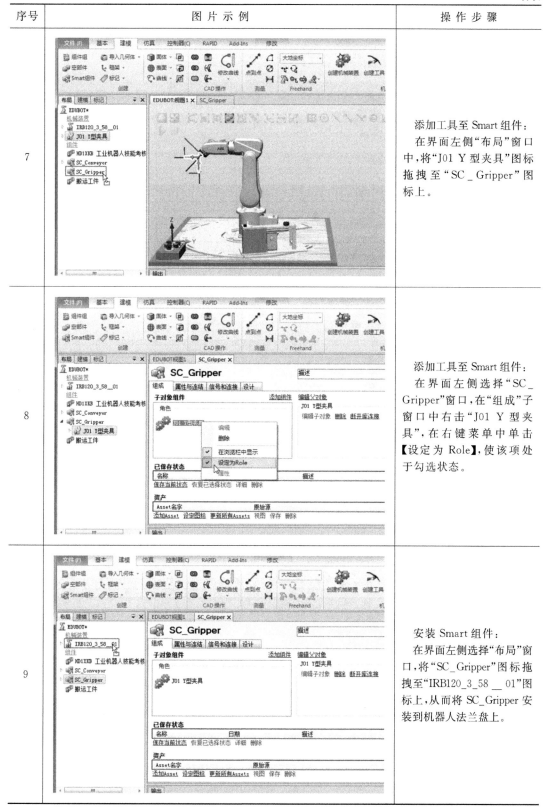	添加工具至 Smart 组件： 在界面左侧"布局"窗口中，将"J01 Y型夹具"图标拖拽至"SC_Gripper"图标上。
8		添加工具至 Smart 组件： 在界面左侧选择"SC_Gripper"窗口，在"组成"子窗口中右击"J01 Y型夹具"，在右键菜单中单击【设定为 Role】，使该项处于勾选状态。
9		安装 Smart 组件： 在界面左侧选择"布局"窗口，将"SC_Gripper"图标拖拽至"IRB120_3_58_01"图标上，从而将 SC_Gripper 安装到机器人法兰盘上。

序号	图片示例	操作步骤
10	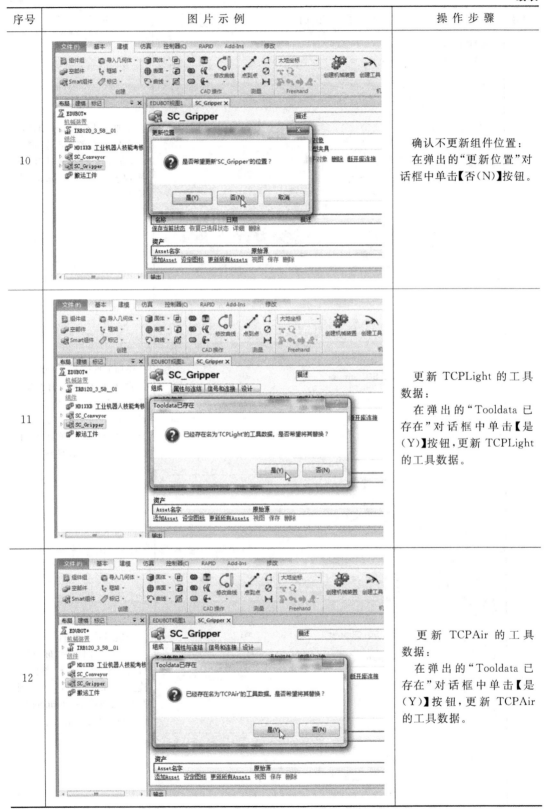	确认不更新组件位置: 在弹出的"更新位置"对话框中单击【否(N)】按钮。
11		更新 TCPLight 的工具数据: 在弹出的"Tooldata 已存在"对话框中单击【是(Y)】按钮,更新 TCPLight 的工具数据。
12		更新 TCPAir 的工具数据: 在弹出的"Tooldata 已存在"对话框中单击【是(Y)】按钮,更新 TCPAir 的工具数据。

7.4.2　检测传感器创建

实现拾取和释放效果的前提是系统能够检测到物体,因此需要创建一个检测传感器。在输送带搬运实训仿真中,检测传感器创建的具体操作步骤如表 7-12 所示。

表 7-12　输送带搬运实训仿真检测传感器创建操作步骤

序号	图 片 示 例	操作步骤
1	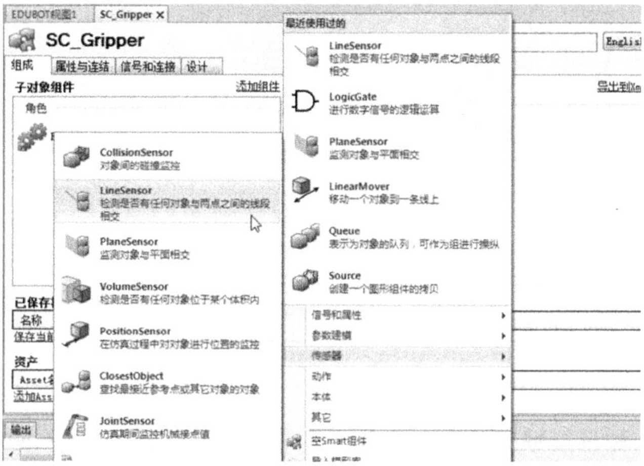	添加组件 LineSensor: 在界面右侧的"SC_Gripper"窗口中,选择"组成"子窗口,单击【添加组件】→【传感器】→【LineSensor】。
2	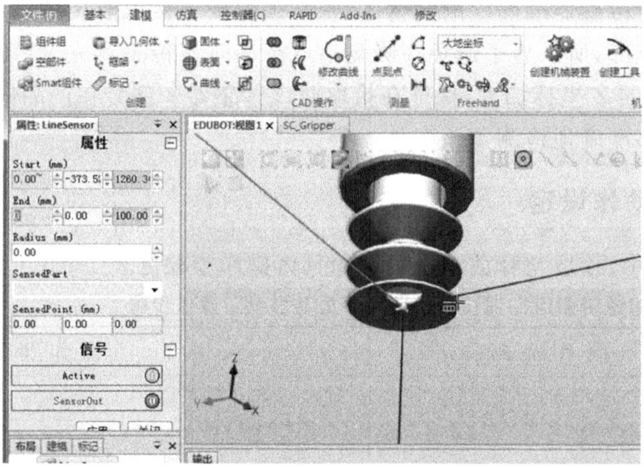	开始 LineSensor 属性设置: ① 将对象选择方式设定为"选择部件";将对象捕捉模式设定为"捕捉中心"。 ② 在界面左侧的"属性:LineSensor"窗口中,单击选中"Start"输入框。 ③ 在界面右侧视图中捕获工具末端圆心,相应的坐标数据自动更新到左侧属性框中。
3	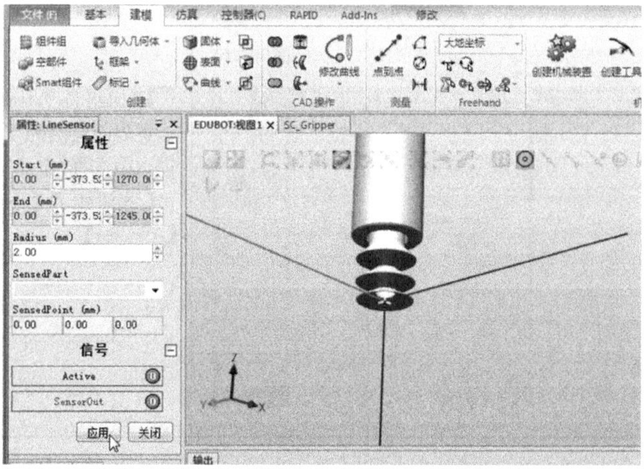	LineSensor 属性设置: ① 参照现有的"Start"坐标数据,将"End"坐标设定为(0,−373.52,1245)。 ② 将"Start"坐标设为(0,−373.52,1270)。 ③ 将"Radius"设定为 2mm。 ④ 将信号"Active"和"Sensor Out"置 0。 ⑤ 单击【应用】按钮,确定应用以上设置。

序号	图 片 示 例	操作步骤
4	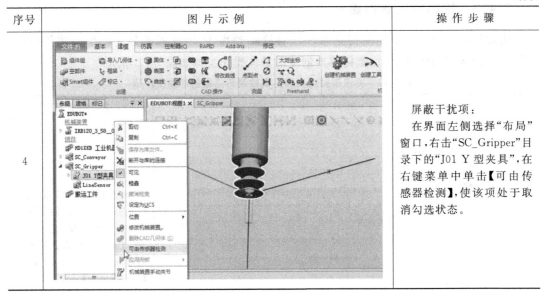	屏蔽干扰项: 在界面左侧选择"布局"窗口,右击"SC_Gripper"目录下的"J01 Y 型夹具",在右键菜单中单击【可由传感器检测】,使该项处于取消勾选状态。

说明:

当物体与传感器接触时,如果接触部分完全覆盖了整个传感器,则传感器不能检测到与之接触的物体。换言之,若要传感器准确检测到物体,则必须保证在接触时传感器的一部分在物体内部,一部分在物体外部,所以为了避免在吸盘拾取产品时该传感器完全"浸入"产品内部,需人为将起始点 Start 的 Z 坐标加大,保证在拾取时该传感器一部分在产品内部,一部分在传感器外部,这样才能够准确地检测到该产品。

7.4.3 拾取与释放动作设定

在输送带搬运实训仿真中,拾取与释放动作设定的具体操作步骤见表 7-13。

表 7-13 输送带搬运实训仿真拾取与释放动作设定操作步骤

序号	图 片 示 例	操作步骤
1		添加组件 Attacher: 在界面右侧的"SC_Gripper"窗口中选择"组成"子窗口,单击【添加组件】→【动作】→【Attacher】。

续表

序号	图 片 示 例	操作步骤
2	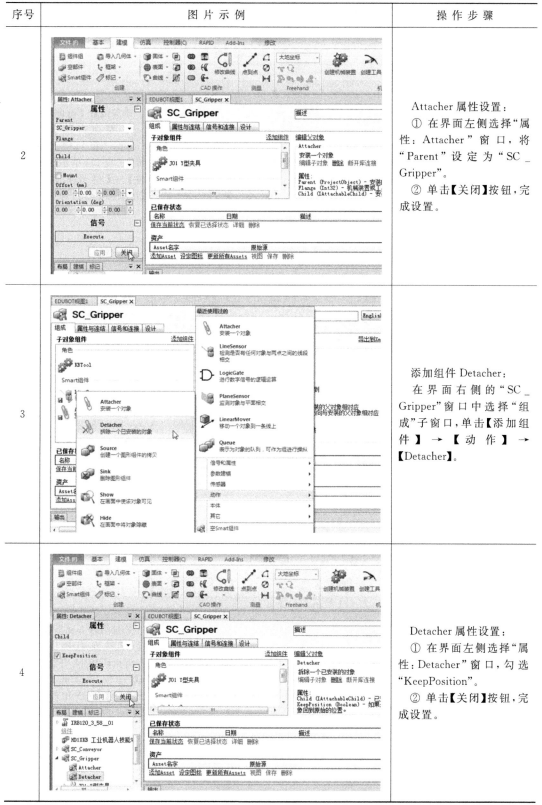	Attacher 属性设置： ① 在界面左侧选择"属性：Attacher"窗口，将"Parent"设定为"SC_Gripper"。 ② 单击【关闭】按钮，完成设置。
3		添加组件 Detacher： 在界面右侧的"SC_Gripper"窗口中选择"组成"子窗口，单击【添加组件】→【动作】→【Detacher】。
4		Detacher 属性设置： ① 在界面左侧选择"属性：Detacher"窗口，勾选"KeepPosition"。 ② 单击【关闭】按钮，完成设置。

序号	图 片 示 例	操 作 步 骤
5	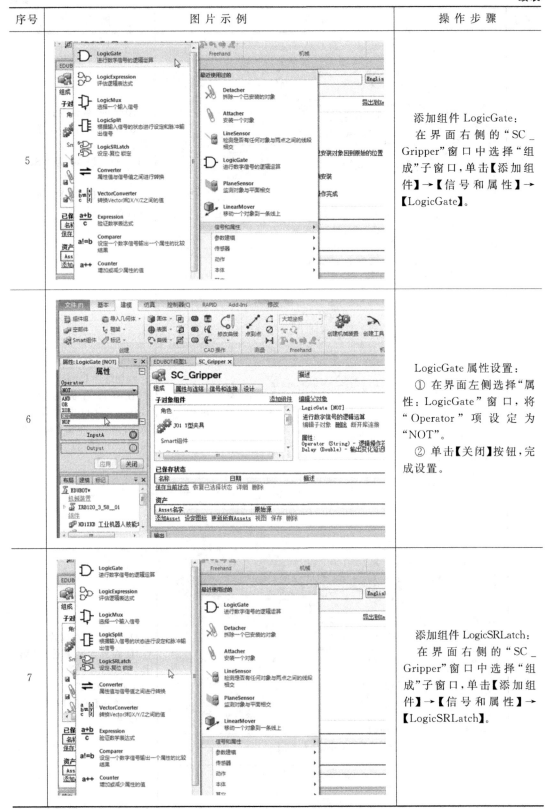	添加组件 LogicGate： 在界面右侧的"SC_Gripper"窗口中选择"组成"子窗口，单击【添加组件】→【信号和属性】→【LogicGate】。
6		LogicGate 属性设置： ① 在界面左侧选择"属性：LogicGate"窗口，将"Operator"项设定为"NOT"。 ② 单击【关闭】按钮，完成设置。
7		添加组件 LogicSRLatch： 在界面右侧的"SC_Gripper"窗口中选择"组成"子窗口，单击【添加组件】→【信号和属性】→【LogicSRLatch】。

7.4.4　属性与联结设置

接下来进行属性与联结设置,具体操作步骤见表 7-14。

表 7-14　输送带搬运实训仿真属性与联结设置操作步骤(二)

序号	图 片 示 例	操 作 步 骤
1	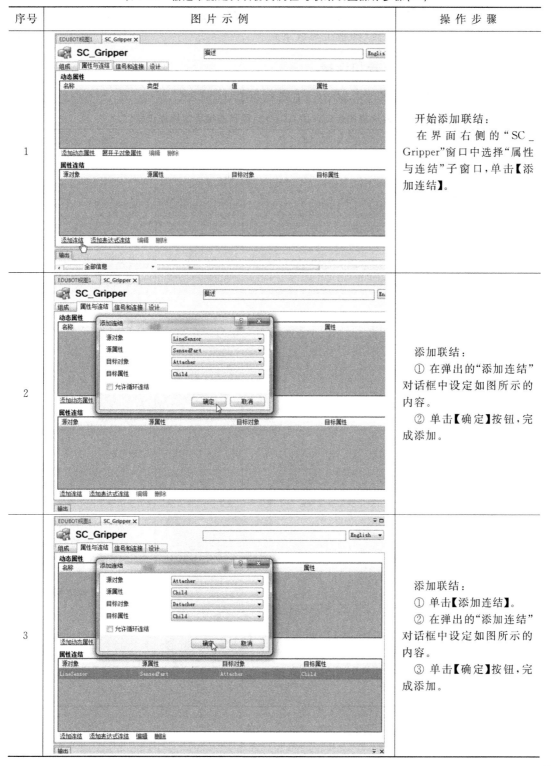	开始添加联结: 在界面右侧的"SC_Gripper"窗口中选择"属性与连结"子窗口,单击【添加连结】。
2		添加联结: ① 在弹出的"添加连结"对话框中设定如图所示的内容。 ② 单击【确定】按钮,完成添加。
3		添加联结: ① 单击【添加连结】。 ② 在弹出的"添加连结"对话框中设定如图所示的内容。 ③ 单击【确定】按钮,完成添加。

在步骤 2 中,SensedPart 表示线传感器 Line Sensor 所检测到的与其发生接触的物体。此处"联结"的意思是将线传感器所检测到的物体作为拾取的子对象。

在步骤 3 中,"联结"的意思是将拾取的子对象作为释放的子对象。

当机器人的工具运动到产品的拾取位置时,工具上的线传感器 LineSensor 检测到产品 A,即将产品 A 作为所要拾取的对象。拾取产品 A 之后,机器人工具运动到放置位置,执行工具释放动作,产品 A 被释放(即被工具放下)。

7.4.5　添加 I/O 信号和连接

下面进行 I/O 信号和连接添加操作,其具体步骤见表 7-15。

表 7-15　输送带搬运实训仿真 I/O 信号和连接添加操作步骤(二)

序号	图片示例	操作步骤
1	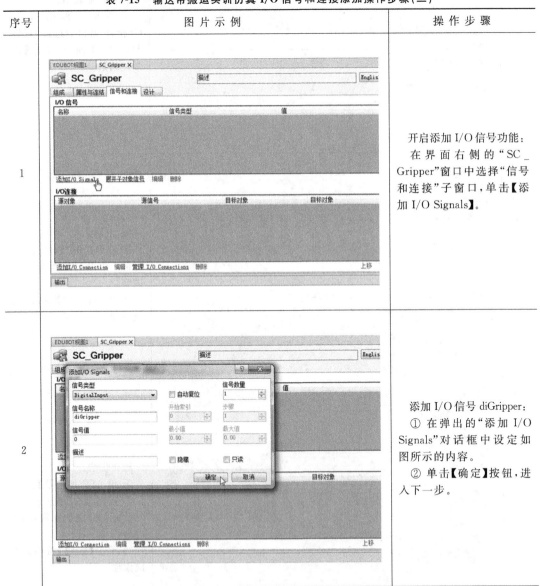	开启添加 I/O 信号功能: 在界面右侧的"SC_Gripper"窗口中选择"信号和连接"子窗口,单击【添加 I/O Signals】。
2		添加 I/O 信号 diGripper: ① 在弹出的"添加 I/O Signals"对话框中设定如图所示的内容。 ② 单击【确定】按钮,进入下一步。

序号	图 片 示 例	操作步骤
3	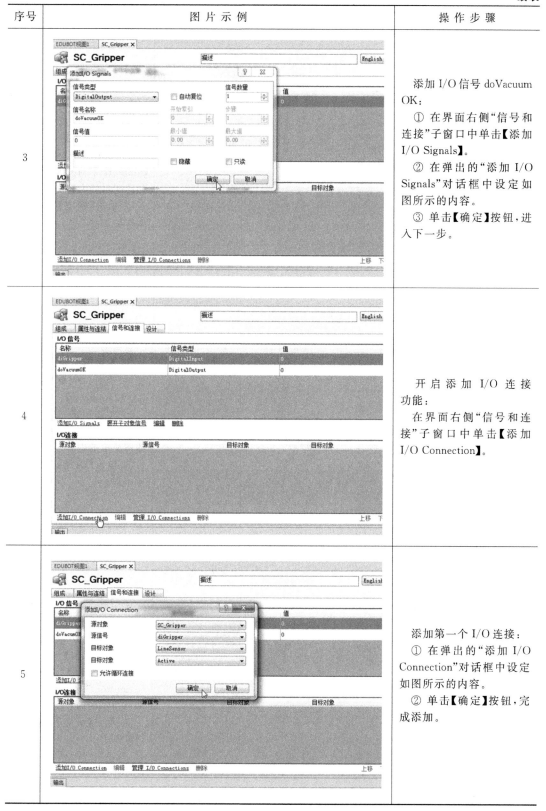	添加 I/O 信号 doVacuum OK： ① 在界面右侧"信号和连接"子窗口中单击【添加 I/O Signals】。 ② 在弹出的"添加 I/O Signals"对话框中设定如图所示的内容。 ③ 单击【确定】按钮，进入下一步。
4		开启添加 I/O 连接功能： 在界面右侧"信号和连接"子窗口中单击【添加 I/O Connection】。
5		添加第一个 I/O 连接： ① 在弹出的"添加 I/O Connection"对话框中设定如图所示的内容。 ② 单击【确定】按钮，完成添加。

序号	图 片 示 例	操 作 步 骤
6	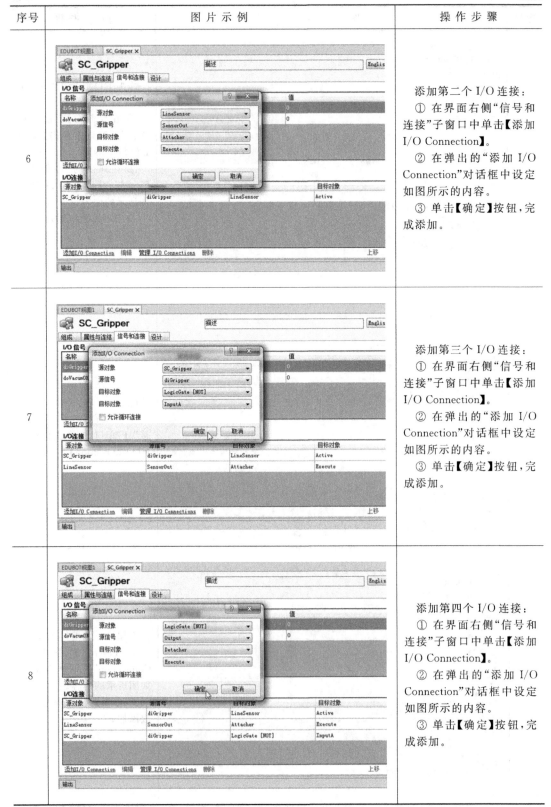	添加第二个 I/O 连接： ① 在界面右侧"信号和连接"子窗口中单击【添加 I/O Connection】。 ② 在弹出的"添加 I/O Connection"对话框中设定如图所示的内容。 ③ 单击【确定】按钮，完成添加。
7		添加第三个 I/O 连接： ① 在界面右侧"信号和连接"子窗口中单击【添加 I/O Connection】。 ② 在弹出的"添加 I/O Connection"对话框中设定如图所示的内容。 ③ 单击【确定】按钮，完成添加。
8		添加第四个 I/O 连接： ① 在界面右侧"信号和连接"子窗口中单击【添加 I/O Connection】。 ② 在弹出的"添加 I/O Connection"对话框中设定如图所示的内容。 ③ 单击【确定】按钮，完成添加。

续表

序号	图　片　示　例	操作步骤
9	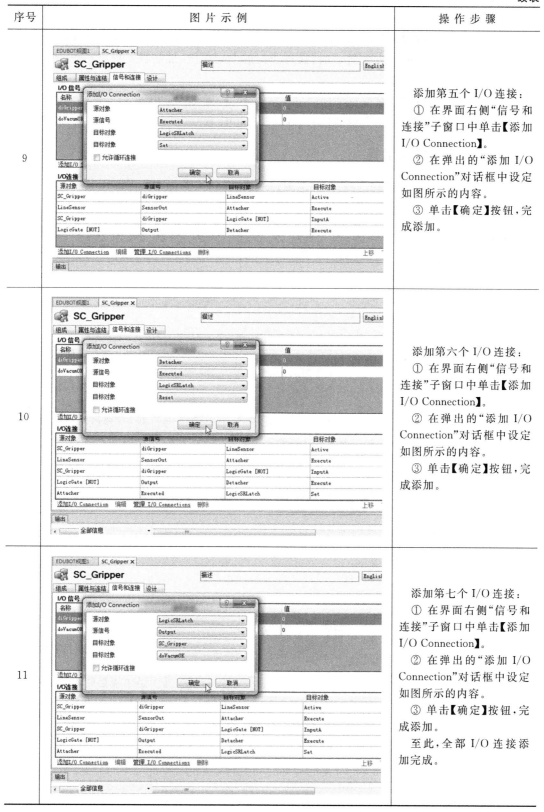	添加第五个 I/O 连接： ① 在界面右侧"信号和连接"子窗口中单击【添加 I/O Connection】。 ② 在弹出的"添加 I/O Connection"对话框中设定如图所示的内容。 ③ 单击【确定】按钮，完成添加。
10		添加第六个 I/O 连接： ① 在界面右侧"信号和连接"子窗口中单击【添加 I/O Connection】。 ② 在弹出的"添加 I/O Connection"对话框中设定如图所示的内容。 ③ 单击【确定】按钮，完成添加。
11		添加第七个 I/O 连接： ① 在界面右侧"信号和连接"子窗口中单击【添加 I/O Connection】。 ② 在弹出的"添加 I/O Connection"对话框中设定如图所示的内容。 ③ 单击【确定】按钮，完成添加。 至此，全部 I/O 连接添加完成。

在本任务中一共创建了七个 I/O 连接,下面来梳理一下整个事件的触发过程:

(1) 当抓取信号 diGripper 置 1 时,线传感器开始检测。

(2) 如果检测到产品与 LineSensor 发生接触,则触发拾取动作,夹具拾取产品。

(3) 当抓取信号 diGripper 置 0 时,通过非门的中间连接,最终触发释放动作,夹具释放产品。

(4) 执行拾取动作时,真空反馈信号 doVacuumOK 置 1。

(5) 执行释放动作时,真空反馈信号 doVacuumOK 置 0。

7.4.6　动态模拟运行

创建完动态工具后需要进行动态模拟运行,以验证相关设置的正确性。

在输送带搬运实训仿真动态模拟运行的具体操作步骤见表 7-16。

表 7-16　输送带搬运实训仿真动态模拟运行操作步骤

序号	图 片 示 例	操 作 步 骤
1	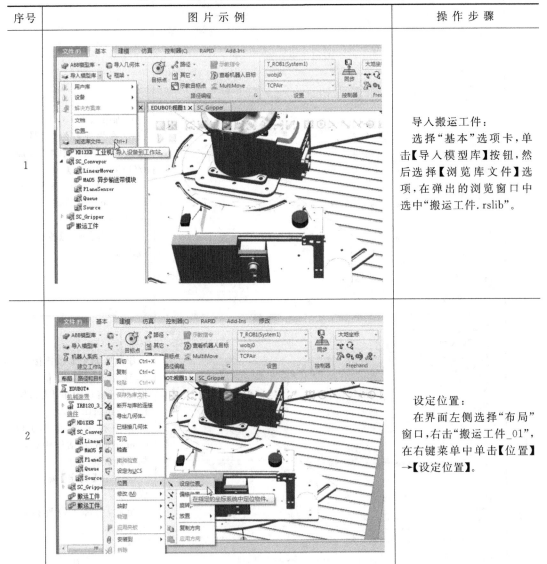	导入搬运工件: 选择"基本"选项卡,单击【导入模型库】按钮,然后选择【浏览库文件】选项,在弹出的浏览窗口中选中"搬运工件.rslib"。
2		设定位置: 在界面左侧选择"布局"窗口,右击"搬运工件_01",在右键菜单中单击【位置】→【设定位置】。

序号	图 片 示 例	操作步骤
3	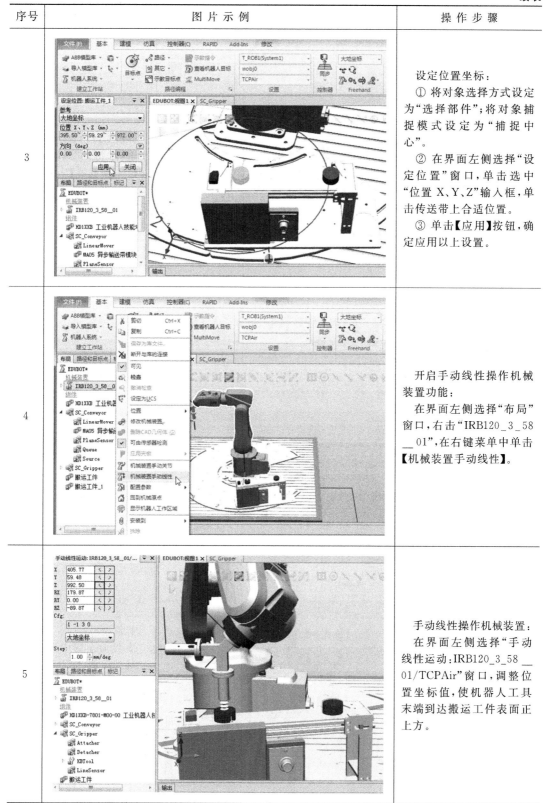	设定位置坐标： ① 将对象选择方式设定为"选择部件"；将对象捕捉模式设定为"捕捉中心"。 ② 在界面左侧选择"设定位置"窗口，单击选中"位置 X、Y、Z"输入框，单击传送带上合适位置。 ③ 单击【应用】按钮，确定应用以上设置。
4		开启手动线性操作机械装置功能： 在界面左侧选择"布局"窗口，右击"IRB120_3_58_01"，在右键菜单中单击【机械装置手动线性】。
5		手动线性操作机械装置： 在界面左侧选择"手动线性运动：IRB120_3_58_01/TCPAir"窗口，调整位置坐标值，使机器人工具末端到达搬运工件表面正上方。

序号	图 片 示 例	操 作 步 骤
6	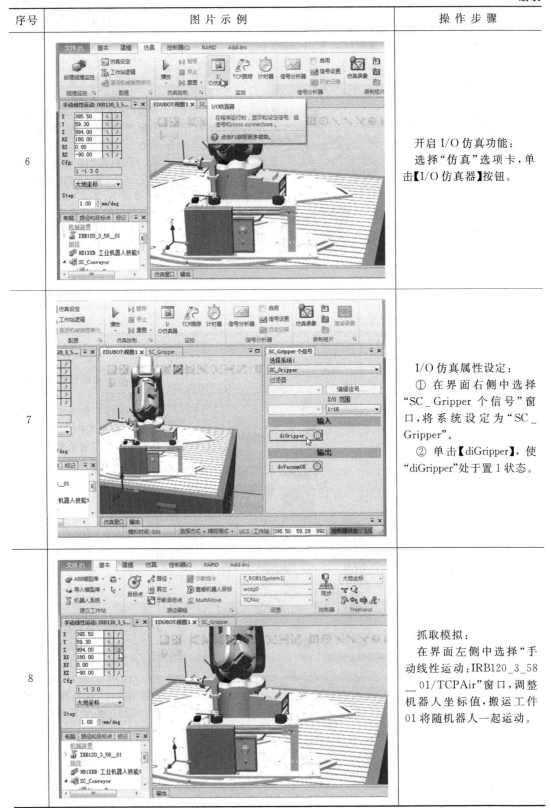	开启 I/O 仿真功能: 选择"仿真"选项卡,单击【I/O 仿真器】按钮。
7		I/O 仿真属性设定: ① 在界面右侧中选择"SC_Gripper 个信号"窗口,将系统设定为"SC_Gripper"。 ② 单击【diGripper】,使"diGripper"处于置1状态。
8		抓取模拟: 在界面左侧中选择"手动线性运动:IRB120_3_58_01/TCPAir"窗口,调整机器人坐标值,搬运工件01将随机器人一起运动。

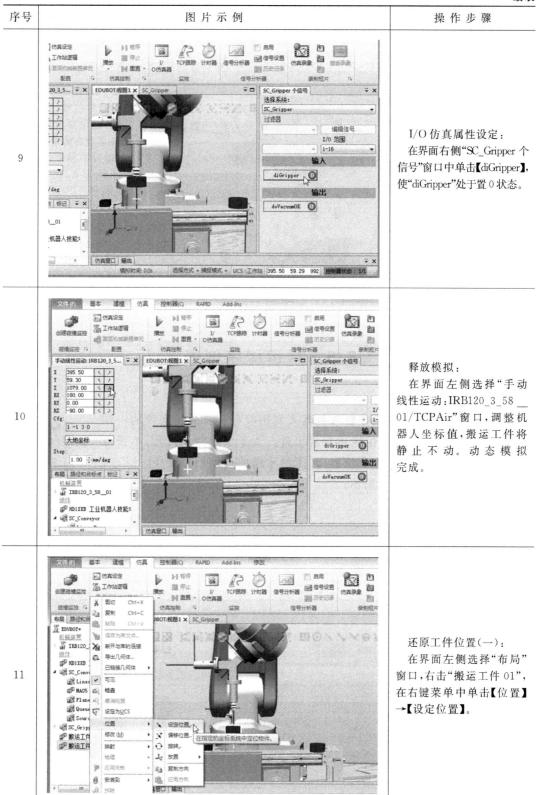

续表

序号	图 片 示 例	操 作 步 骤
9		I/O 仿真属性设定： 在界面右侧"SC_Gripper 个信号"窗口中单击【diGripper】，使"diGripper"处于置 0 状态。
10		释放模拟： 在界面左侧选择"手动线性运动：IRB120_3_58__01/TCPAir"窗口，调整机器人坐标值，搬运工件将静止不动。动态模拟完成。
11		还原工件位置（一）： 在界面左侧选择"布局"窗口，右击"搬运工件 01"，在右键菜单中单击【位置】→【设定位置】。

序号	图 片 示 例	操 作 步 骤
12	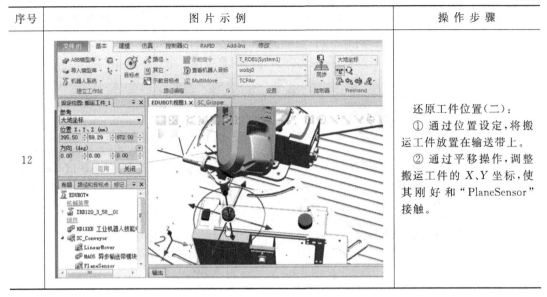	还原工件位置(二): ① 通过位置设定,将搬运工件放置在输送带上。 ② 通过平移操作,调整搬运工件的 X、Y 坐标,使其刚好和"PlaneSensor"接触。

7.5 搬运程序创建

输送带搬运实训仿真任务要求机器人利用吸盘工具从输送带的一端拾取搬运工件,搬运到指定位置后释放工件。为了实现搬运过程,本任务中搬运一个工件需要示教六个位置,其工具末端的运动路径是 P1→P2→P3→P4→P5→P6,如图 7-2 所示。

搬运程序创建

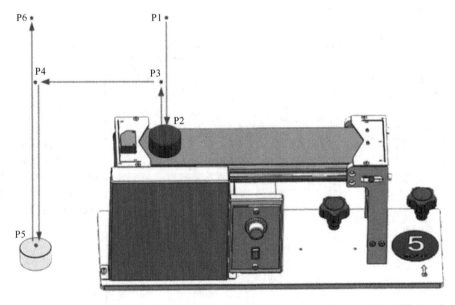

图 7-2　搬运路径

7.5.1　搬运路径创建

在输送带搬运实训仿真中，搬运路径创建的具体操作步骤见表 7-17。

表 7-17　输送带搬运实训仿真搬运路径创建操作步骤

序号	图 片 示 例	操 作 步 骤
1	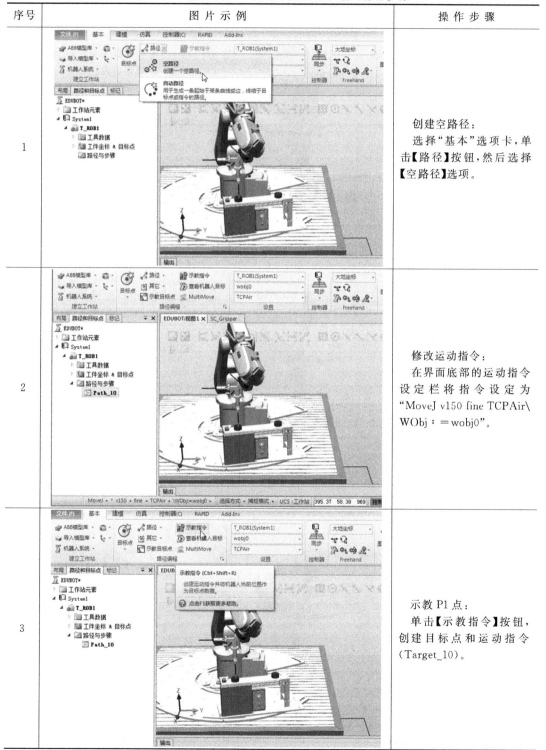	创建空路径： 选择"基本"选项卡，单击【路径】按钮，然后选择【空路径】选项。
2		修改运动指令： 在界面底部的运动指令设定栏将指令设定为"MoveJ v150 fine TCPAir\WObj：=wobj0"。
3		示教 P1 点： 单击【示教指令】按钮，创建目标点和运动指令（Target_10）。

序号	图片示例	操作步骤
4	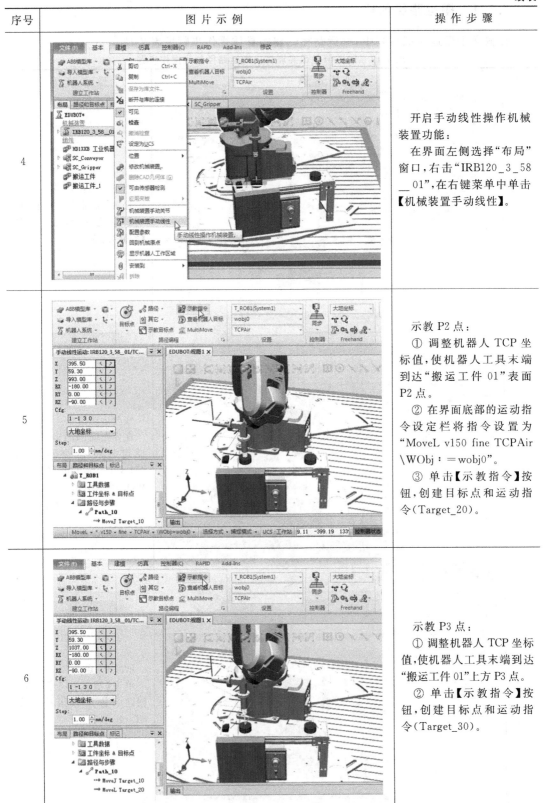	开启手动线性操作机械装置功能： 在界面左侧选择"布局"窗口，右击"IRB120_3_58__01"，在右键菜单中单击【机械装置手动线性】。
5		示教 P2 点： ① 调整机器人 TCP 坐标值，使机器人工具末端到达"搬运工件 01"表面 P2 点。 ② 在界面底部的运动指令设定栏将指令设置为"MoveL v150 fine TCPAir \WObj：=wobj0"。 ③ 单击【示教指令】按钮，创建目标点和运动指令（Target_20）。
6		示教 P3 点： ① 调整机器人 TCP 坐标值，使机器人工具末端到达"搬运工件 01"上方 P3 点。 ② 单击【示教指令】按钮，创建目标点和运动指令（Target_30）。

续表

序号	图片示例	操作步骤
7	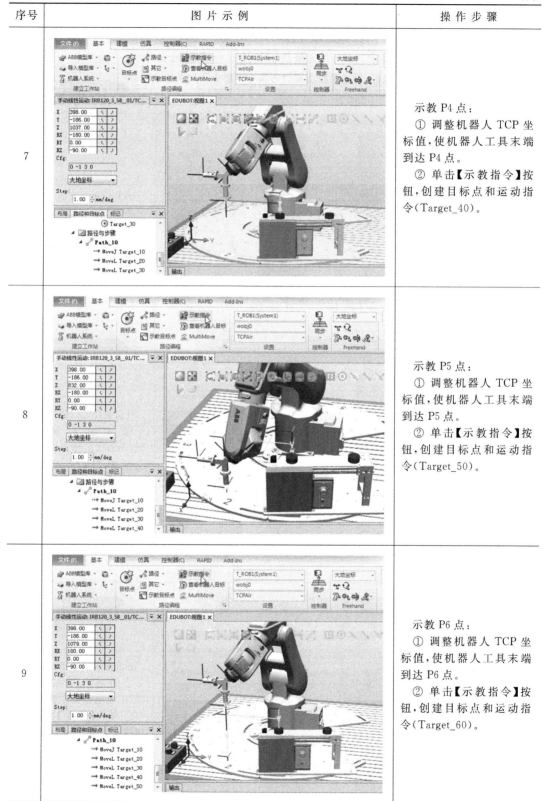	示教 P4 点： ① 调整机器人 TCP 坐标值，使机器人工具末端到达 P4 点。 ② 单击【示教指令】按钮，创建目标点和运动指令（Target_40）。
8		示教 P5 点： ① 调整机器人 TCP 坐标值，使机器人工具末端到达 P5 点。 ② 单击【示教指令】按钮，创建目标点和运动指令（Target_50）。
9		示教 P6 点： ① 调整机器人 TCP 坐标值，使机器人工具末端到达 P6 点。 ② 单击【示教指令】按钮，创建目标点和运动指令（Target_60）。

7.5.2 I/O 指令添加

路径创建完成后还需要插入 I/O 指令,以控制工具的抓取和释放动作。

在输送带搬运实训仿真中,I/O 指令添加的具体操作步骤见表 7-18。

表 7-18 输送带搬运实训仿真 I/O 指令添加操作步骤

序号	图片示例	操作步骤
1	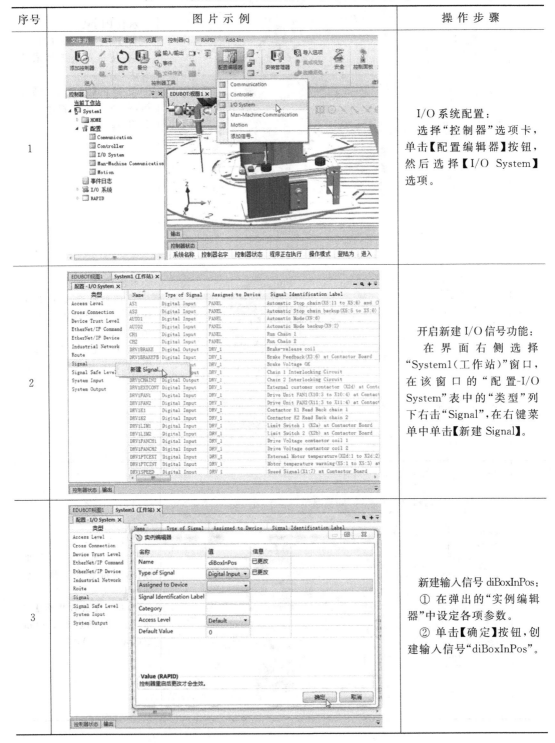	I/O 系统配置: 选择"控制器"选项卡,单击【配置编辑器】按钮,然后选择【I/O System】选项。
2		开启新建 I/O 信号功能: 在界面右侧选择"System1(工作站)"窗口,在该窗口的"配置-I/O System"表中的"类型"列下右击"Signal",在右键菜单中单击【新建 Signal】。
3		新建输入信号 diBoxInPos: ① 在弹出的"实例编辑器"中设定各项参数。 ② 单击【确定】按钮,创建输入信号"diBoxInPos"。

序号	图 片 示 例	操 作 步 骤
4		新建输入信号 diVacuumOK： ① 在界面右侧"配置-I/O System"表中的"类型"列下右击"Signal"，在右键菜单中单击【新建 Signal】。 ② 在弹出的"实例编辑器"中设定各项参数。 ③ 单击【确定】按钮，创建输入信号"diVacuumOK"。
5		新建输出信号： ① 在界面右侧"配置-I/O System"表中的"类型"列下右击"Signal"，在右键菜单中单击【新建 Signal】。 ② 在弹出的"实例编辑器"中设定各项参数。 ③ 单击【确定】按钮，创建输出信号"doGripper"。
6		三个 I/O 信号创建完成。

序号	图 片 示 例	操 作 步 骤
7	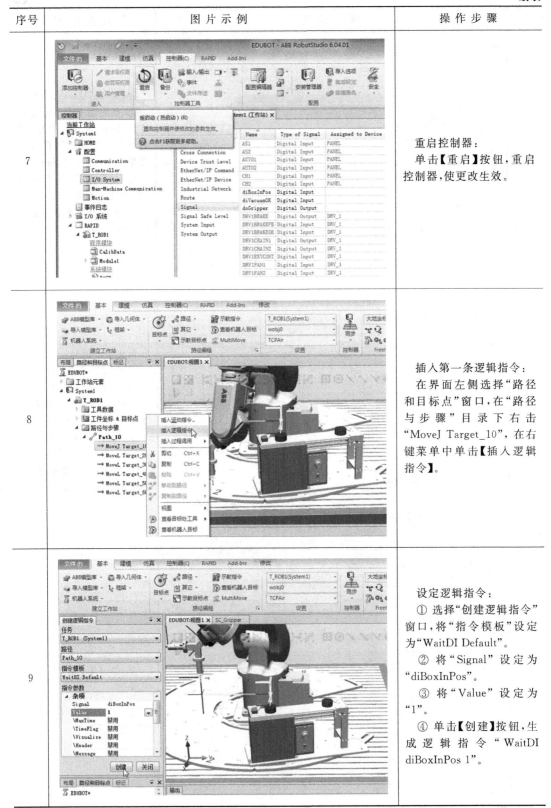	重启控制器： 单击【重启】按钮，重启控制器，使更改生效。
8		插入第一条逻辑指令： 在界面左侧选择"路径和目标点"窗口，在"路径与步骤"目录下右击"MoveJ Target_10"，在右键菜单中单击【插入逻辑指令】。
9		设定逻辑指令： ① 选择"创建逻辑指令"窗口，将"指令模板"设定为"WaitDI Default"。 ② 将"Signal"设定为"diBoxInPos"。 ③ 将"Value"设定为"1"。 ④ 单击【创建】按钮，生成逻辑指令"WaitDI diBoxInPos 1"。

续表

序号	图 片 示 例	操作步骤
10	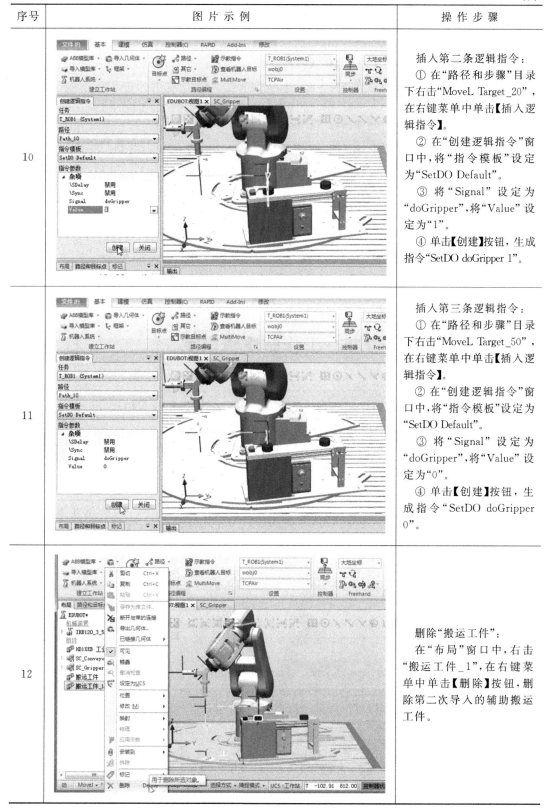	插入第二条逻辑指令： ① 在"路径和步骤"目录下右击"MoveL Target_20"，在右键菜单中单击【插入逻辑指令】。 ② 在"创建逻辑指令"窗口中，将"指令模板"设定为"SetDO Default"。 ③ 将"Signal"设定为"doGripper"，将"Value"设定为"1"。 ④ 单击【创建】按钮，生成指令"SetDO doGripper 1"。
11		插入第三条逻辑指令： ① 在"路径和步骤"目录下右击"MoveL Target_50"，在右键菜单中单击【插入逻辑指令】。 ② 在"创建逻辑指令"窗口中，将"指令模板"设定为"SetDO Default"。 ③ 将"Signal"设定为"doGripper"，将"Value"设定为"0"。 ④ 单击【创建】按钮，生成指令"SetDO doGripper 0"。
12		删除"搬运工件"： 在"布局"窗口中，右击"搬运工件_1"，在右键菜单中单击【删除】按钮，删除第二次导入的辅助搬运工件。

序号	图片示例	操作步骤
13	◢ ⟑ **Path_10 (进入点)** ⟶ MoveJ Target_10 ⚡ WaitDI diBoxInPos 1 ⟶ MoveL Target_20 ⚡ SetDO doGripper 1 ⟶ MoveL Target_30 ⟶ MoveL Target_40 ⟶ MoveL Target_50 ⚡ SetDO doGripper 0 ⟶ MoveL Target_60	查看 Path_10 下的全部程序。

7.6　工作站逻辑设定

在之前的操作中,已经创建了机器人系统、动态搬运工具和动态输送带,现在要将工作站中这三个单元的信号关联起来。

在输送带搬运实训仿真中,工作站逻辑设定的具体操作步骤见表 7-19。

工作站逻辑设定

表 7-19　输送带搬运实训仿真工作站逻辑设定操作步骤

序号	图片示例	操作步骤
1		开启工作站逻辑设定功能: 　选择"仿真"选项卡,单击【工作站逻辑】按钮。

续表

序号	图 片 示 例	操 作 步 骤
2	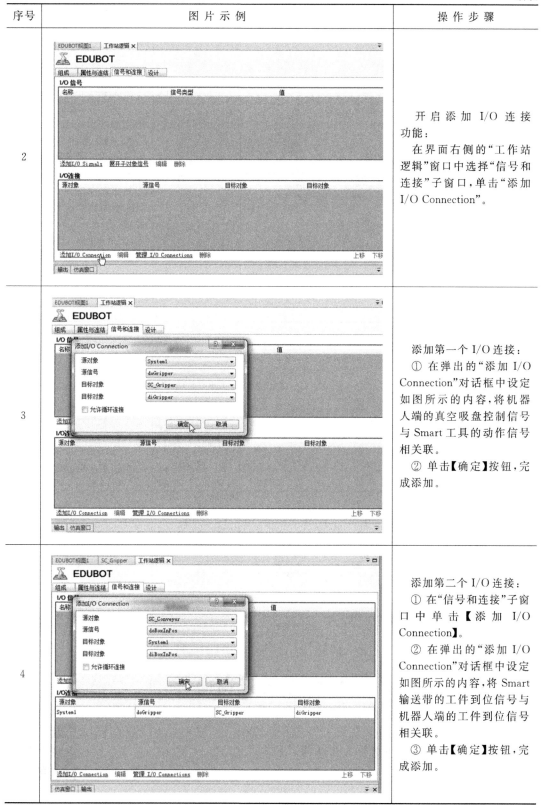	开启添加 I/O 连接功能： 在界面右侧的"工作站逻辑"窗口中选择"信号和连接"子窗口，单击"添加 I/O Connection"。
3		添加第一个 I/O 连接： ① 在弹出的"添加 I/O Connection"对话框中设定如图所示的内容，将机器人端的真空吸盘控制信号与 Smart 工具的动作信号相关联。 ② 单击【确定】按钮，完成添加。
4		添加第二个 I/O 连接： ① 在"信号和连接"子窗口中单击【添加 I/O Connection】。 ② 在弹出的"添加 I/O Connection"对话框中设定如图所示的内容，将 Smart 输送带的工件到位信号与机器人端的工件到位信号相关联。 ③ 单击【确定】按钮，完成添加。

续表

序号	图 片 示 例	操 作 步 骤
5	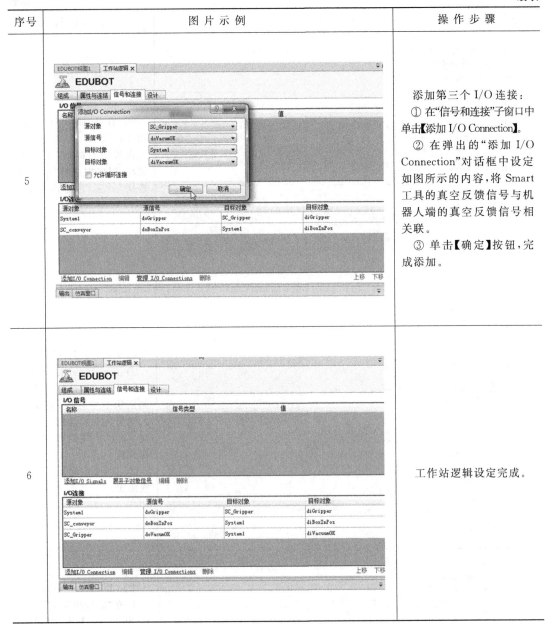	添加第三个 I/O 连接： ① 在"信号和连接"子窗口中单击【添加 I/O Connection】。 ② 在弹出的"添加 I/O Connection"对话框中设定如图所示的内容，将 Smart 工具的真空反馈信号与机器人端的真空反馈信号相关联。 ③ 单击【确定】按钮，完成添加。
6		工作站逻辑设定完成。

7.7 仿真及调试

完成以上操作后，即可进行仿真及调试。

仿真及调试

7.7.1　工作站仿真演示

在输送带搬运实训仿真中进行工作站仿真演示的具体操作步骤见表 7-20。

表 7-20　输送带搬运实训仿真工作站仿真演示操作步骤

序号	图 片 示 例	操 作 步 骤
1	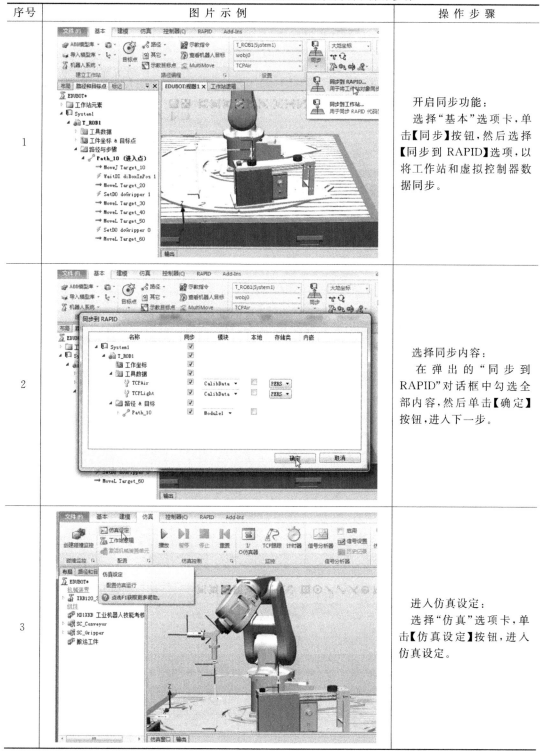	开启同步功能： 　选择"基本"选项卡，单击【同步】按钮，然后选择【同步到 RAPID】选项，以将工作站和虚拟控制器数据同步。
2		选择同步内容： 　在弹出的"同步到 RAPID"对话框中勾选全部内容，然后单击【确定】按钮，进入下一步。
3		进入仿真设定： 　选择"仿真"选项卡，单击【仿真设定】按钮，进入仿真设定。

序号	图 片 示 例	操 作 步 骤
4	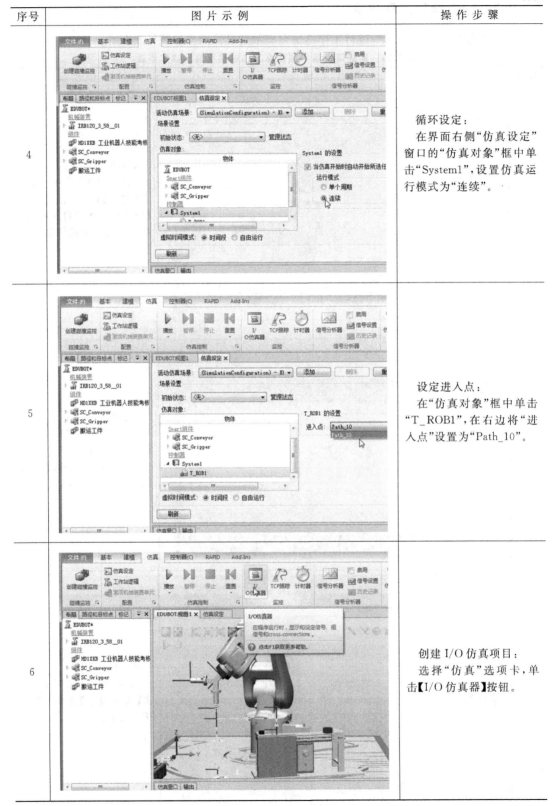	循环设定： 　在界面右侧"仿真设定"窗口的"仿真对象"框中单击"System1"，设置仿真运行模式为"连续"。
5		设定进入点： 　在"仿真对象"框中单击"T_ROB1"，在右边将"进入点"设置为"Path_10"。
6		创建I/O仿真项目： 　选择"仿真"选项卡，单击【I/O仿真器】按钮。

续表

序号	图　片　示　例	操　作　步　骤
7	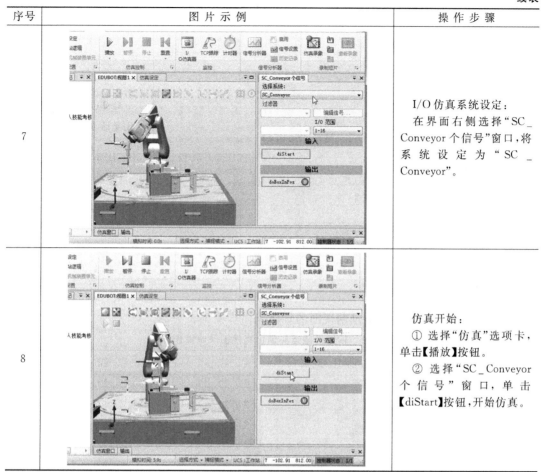	I/O仿真系统设定： 　在界面右侧选择"SC_Conveyor 个信号"窗口,将系统设定为"SC_Conveyor"。
8		仿真开始： 　① 选择"仿真"选项卡,单击【播放】按钮。 　② 选择"SC_Conveyor个信号"窗口,单击【diStart】按钮,开始仿真。

7.7.2　仿真录像

在输送带搬运实训仿真中进行仿真录像的具体操作步骤见表 7-21。

表 7-21　输送带搬运实训仿真中仿真录像操作步骤

序号	图　片　示　例	操　作　步　骤
1		设置录像机参数： 　① 选择"文件"选项卡,单击【选项】按钮。 　② 在弹出的"选项"窗口中单击【屏幕录像机】选项,设置相关参数。 　③ 单击【确定】按钮,进入下一步。

序号	图 片 示 例	操 作 步 骤
2	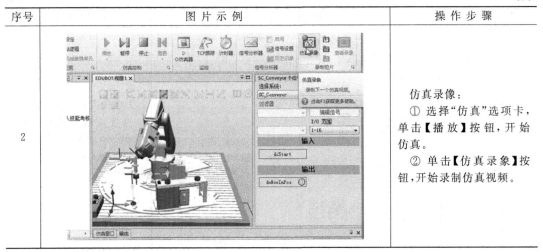	仿真录像: ① 选择"仿真"选项卡,单击【播放】按钮,开始仿真。 ② 单击【仿真录象】按钮,开始录制仿真视频。

7.7.3 录制视图

在输送带搬运实训仿真中录制视图的具体操作步骤见表 7-22。

表 7-22 输送带搬运实训仿真视图录制操作步骤

序号	图 片 示 例	操 作 步 骤
1	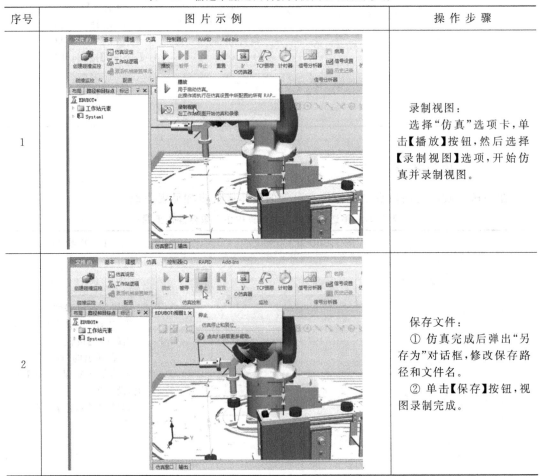	录制视图: 选择"仿真"选项卡,单击【播放】按钮,然后选择【录制视图】选项,开始仿真并录制视图。
2		保存文件: ① 仿真完成后弹出"另存为"对话框,修改保存路径和文件名。 ② 单击【保存】按钮,视图录制完成。

序号	图 片 示 例	操 作 步 骤
3	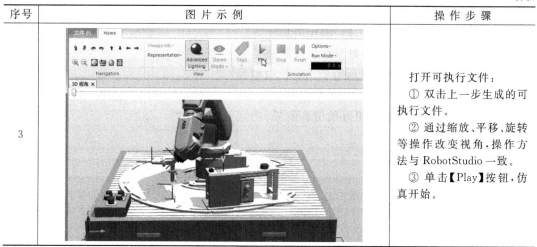	打开可执行文件： ① 双击上一步生成的可执行文件。 ② 通过缩放、平移、旋转等操作改变视角，操作方法与 RobotStudio 一致。 ③ 单击【Play】按钮，仿真开始。

7.7.4　打包工作站

在输送带搬运实训仿真中打包工作站的具体操作步骤见表 7-23。

表 7-23　输送带搬运实训仿真打包工作站操作步骤

序号	图 片 示 例	操 作 步 骤
1	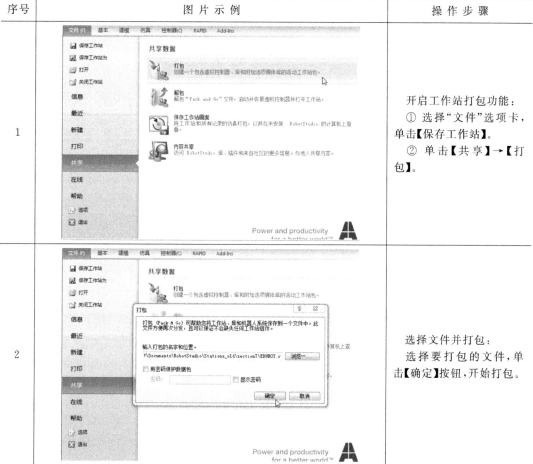	开启工作站打包功能： ① 选择"文件"选项卡，单击【保存工作站】。 ② 单击【共享】→【打包】。
2		选择文件并打包： 选择要打包的文件，单击【确定】按钮，开始打包。

思考与练习

1.在本章示例中 Queue(队列)的作用是什么?

2.在本章示例中如何不断触发产生复制品?

3.新建机器人的数字 I/O 后需要重启控制器吗?

4.简述 I/O 仿真器的作用。

5.请隐藏物料源,以达到更好的仿真效果。

第8章 在线功能

本章要点
- 使用 RobotStudio 连接机器人；
- 使用 RobotStudio 进行系统的备份与恢复；
- 在线编辑 RAPID 程序；
- 在线编辑 I/O 信号；
- 在线文件传送。

本章主要介绍 RobotStudio 的在线功能。通过本章学习，用户可以掌握 RobotStudio 与机器人连接、系统的备份与恢复、控制器程序修改和文件传送等的操作方法。

8.1 使用 RobotStudio 连接机器人

使用 RobotStudio 在线功能，首先需要完成以下准备工作：
（1）建立 RobotStudio 与机器人的连接；
（2）获取 RobotStudio 在线控制权限。

使用RobotStudio
连接机器人

8.1.1 建立 RobotStudio 与机器人的连接

建立 RobotStudio 与机器人的连接的具体操作步骤见表 8-1。

表 8-1 建立 RobotStudio 与机器人的连接操作步骤

序号	图 片 示 例	操 作 步 骤
1		连接控制器： 将网线的一端连到计算机的网线接口上，另一端连到紧凑型控制柜的"X2"端口上。

序号	图 片 示 例	操作步骤
2	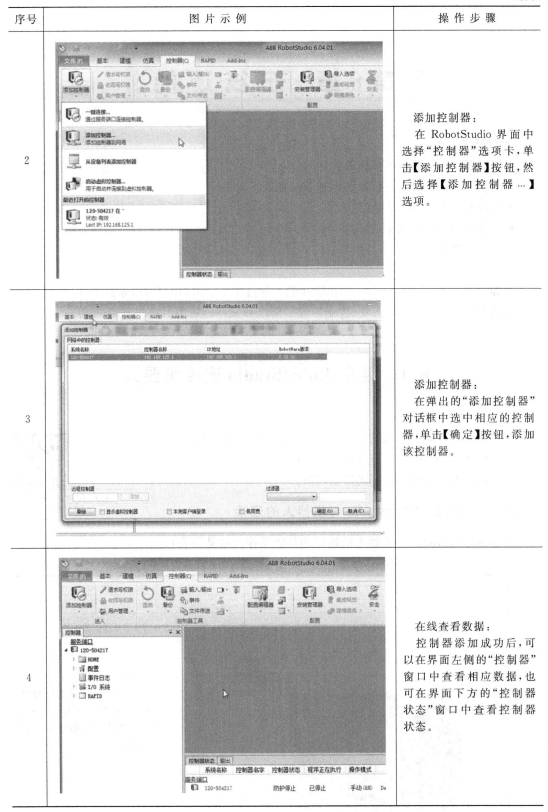	添加控制器： 在 RobotStudio 界面中选择"控制器"选项卡，单击【添加控制器】按钮，然后选择【添加控制器…】选项。
3		添加控制器： 在弹出的"添加控制器"对话框中选中相应的控制器，单击【确定】按钮，添加该控制器。
4		在线查看数据： 控制器添加成功后，可以在界面左侧的"控制器"窗口中查看相应数据，也可在界面下方的"控制器状态"窗口中查看控制器状态。

8.1.2 获取 RobotStudio 在线控制权限

获取 RobotStudio 在线控制权限的具体操作步骤见表 8-2。

表 8-2 获取 RobotStudio 在线控制权限操作步骤

序号	图 片 示 例	操 作 步 骤
1	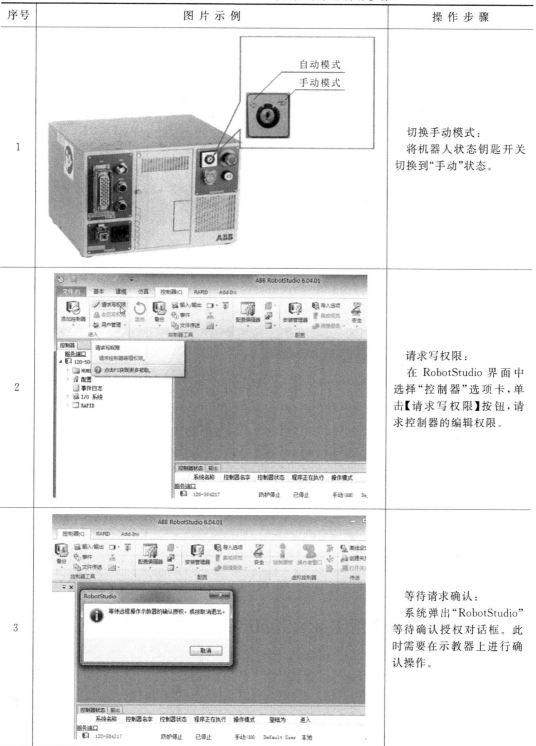	切换手动模式： 将机器人状态钥匙开关切换到"手动"状态。
2		请求写权限： 在 RobotStudio 界面中选择"控制器"选项卡，单击【请求写权限】按钮，请求控制器的编辑权限。
3		等待请求确认： 系统弹出"RobotStudio"等待确认授权对话框。此时需要在示教器上进行确认操作。

序号	图 片 示 例	操 作 步 骤
4	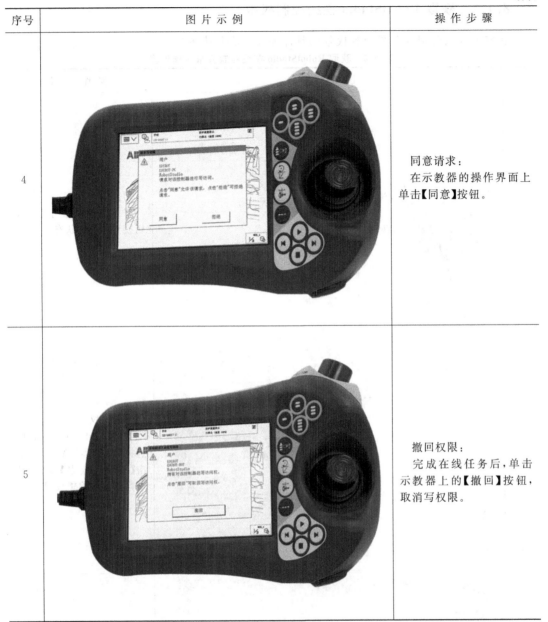	同意请求: 在示教器的操作界面上单击【同意】按钮。
5		撤回权限: 完成在线任务后,单击示教器上的【撤回】按钮,取消写权限。

8.2 使用 RobotStudio 进行备份与恢复

8.2.1 备份操作

备份操作的具体步骤见表 8-3。

使用RobotStudio
进行备份与恢复

表 8-3　备份操作步骤

序号	图 片 示 例	操 作 步 骤
1	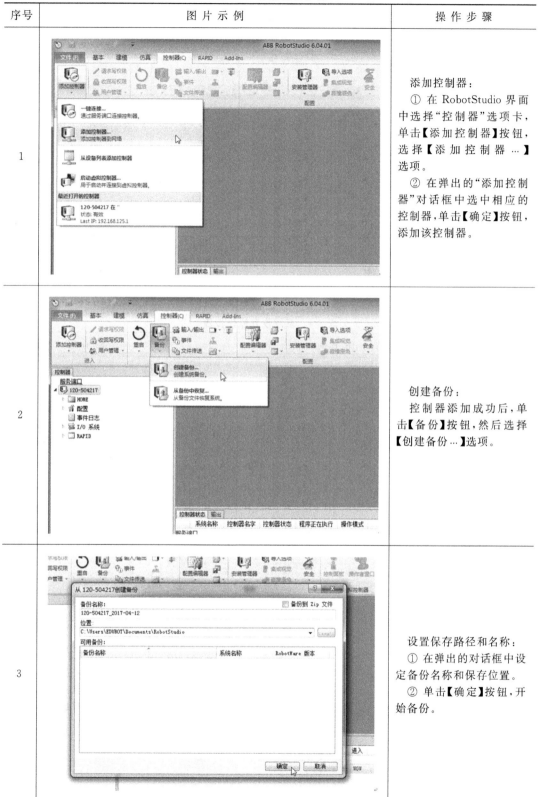	添加控制器： ① 在 RobotStudio 界面中选择"控制器"选项卡，单击【添加控制器】按钮，选择【添加控制器…】选项。 ② 在弹出的"添加控制器"对话框中选中相应的控制器，单击【确定】按钮，添加该控制器。
2		创建备份： 控制器添加成功后，单击【备份】按钮，然后选择【创建备份…】选项。
3		设置保存路径和名称： ① 在弹出的对话框中设定备份名称和保存位置。 ② 单击【确定】按钮，开始备份。

续表

序号	图 片 示 例	操 作 步 骤
4	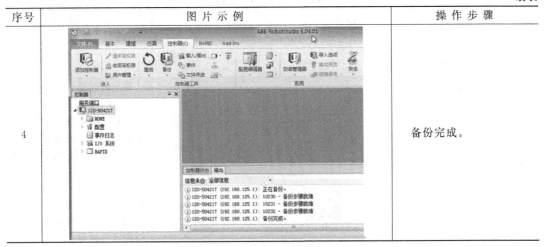	备份完成。

8.2.2 系统恢复操作

利用备份文件恢复系统操作的具体操作步骤见表 8-4。

表 8-4 系统恢复操作步骤

序号	图 片 示 例	操 作 步 骤
1	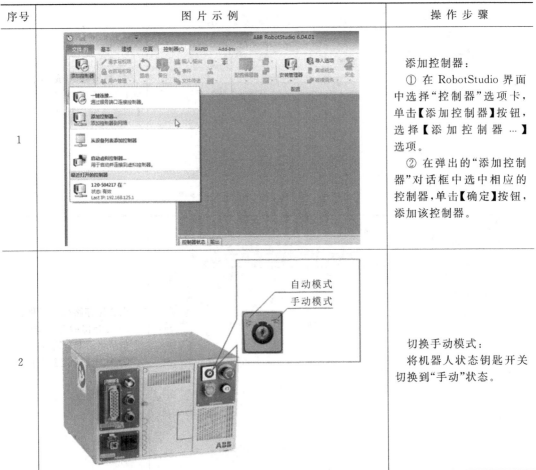	添加控制器： ① 在 RobotStudio 界面中选择"控制器"选项卡，单击【添加控制器】按钮，选择【添加控制器…】选项。 ② 在弹出的"添加控制器"对话框中选中相应的控制器，单击【确定】按钮，添加该控制器。
2		切换手动模式： 将机器人状态钥匙开关切换到"手动"状态。

序号	图 片 示 例	操 作 步 骤
3		请求写权限： 在 RobotStudio 界面中选择"控制器"选项卡，单击【请求写权限】按钮，请求控制器的编辑权限。
4		同意请求： 在示教器的操作界面上单击【同意】按钮。
5		恢复备份： 控制器添加成功后，单击【备份】按钮，然后选择【从备份中恢复…】选项。

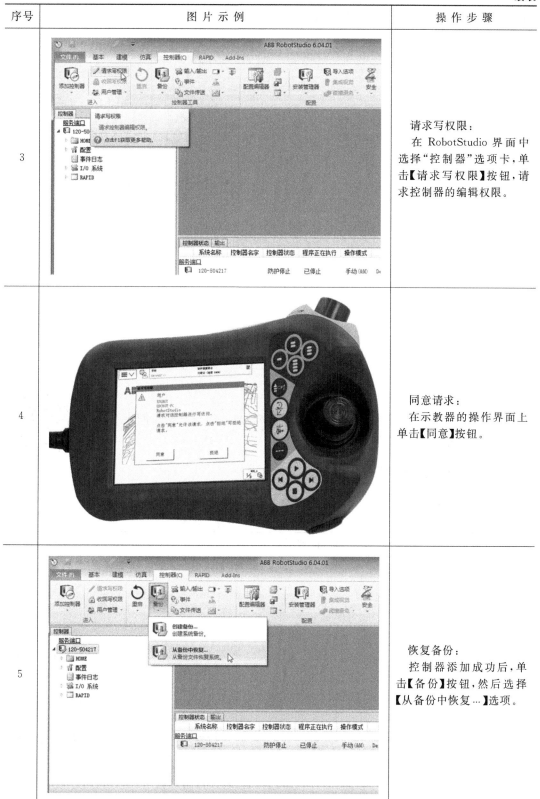

序号	图 片 示 例	操作步骤
6	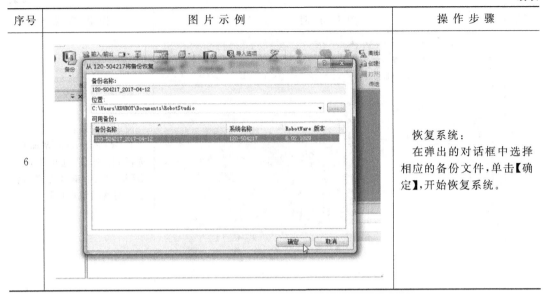	恢复系统: 在弹出的对话框中选择相应的备份文件,单击【确定】,开始恢复系统。

8.3　在线编辑 RAPID 程序

利用 RobotStudio 可在线编辑 RAPID 程序,包括:修改等待时间指令、增加速度设定指令等。

在线编辑RAPID
程序

8.3.1　修改等待时间指令

修改等待时间指令的具体操作步骤见表 8-5。

表 8-5　修改等待时间指令操作步骤

序号	图 片 示 例	操作步骤
1	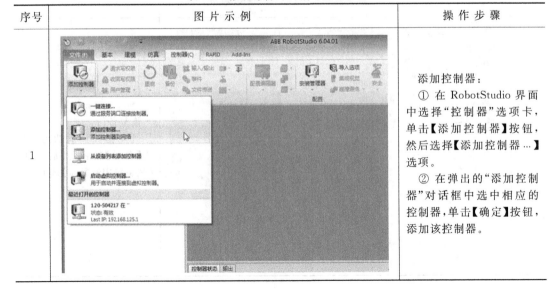	添加控制器: ① 在 RobotStudio 界面中选择"控制器"选项卡,单击【添加控制器】按钮,然后选择【添加控制器…】选项。 ② 在弹出的"添加控制器"对话框中选中相应的控制器,单击【确定】按钮,添加该控制器。

续表

序号	图 片 示 例	操 作 步 骤
2	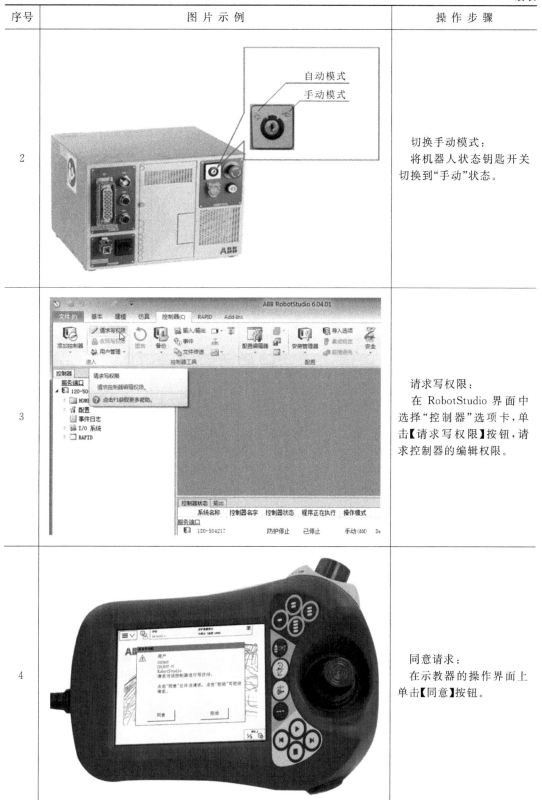	切换手动模式： 将机器人状态钥匙开关切换到"手动"状态。
3		请求写权限： 在 RobotStudio 界面中选择"控制器"选项卡，单击【请求写权限】按钮，请求控制器的编辑权限。
4		同意请求： 在示教器的操作界面上单击【同意】按钮。

序号	图 片 示 例	操 作 步 骤
5	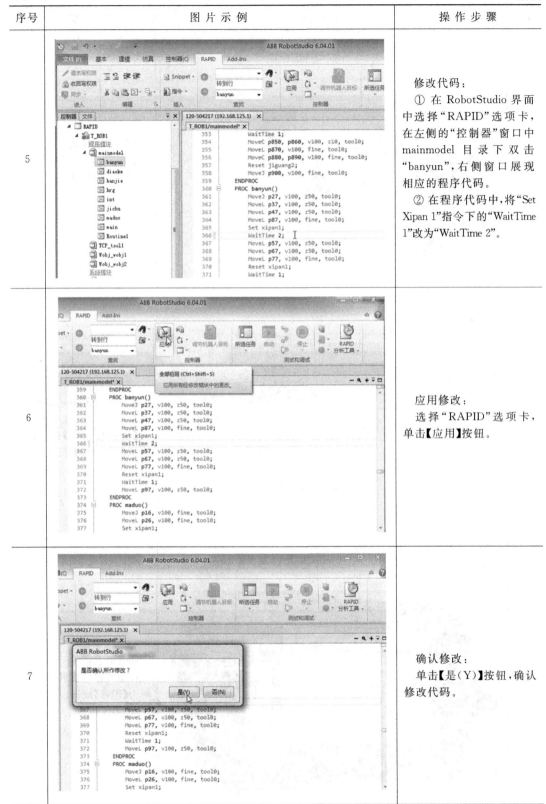	修改代码： ① 在 RobotStudio 界面中选择"RAPID"选项卡，在左侧的"控制器"窗口中 mainmodel 目录下双击"banyun"，右侧窗口展现相应的程序代码。 ② 在程序代码中，将"Set Xipan 1"指令下的"WaitTime 1"改为"WaitTime 2"。
6		应用修改： 选择"RAPID"选项卡，单击【应用】按钮。
7		确认修改： 单击【是(Y)】按钮，确认修改代码。

续表

序号	图 片 示 例	操 作 步 骤
8	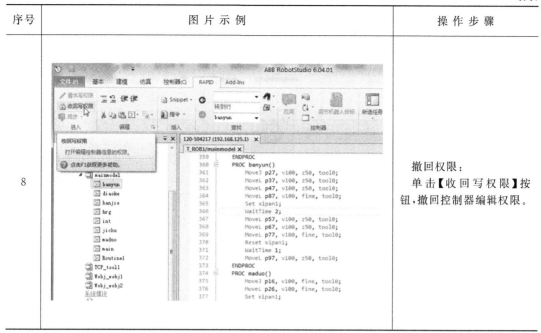	撤回权限: 单击【收回写权限】按钮,撤回控制器编辑权限。

8.3.2 增加速度设定指令

增加速度设定指令的具体操作步骤见表 8-6。

表 8-6　增加速度设定指令操作步骤

序号	图 片 示 例	操 作 步 骤
1	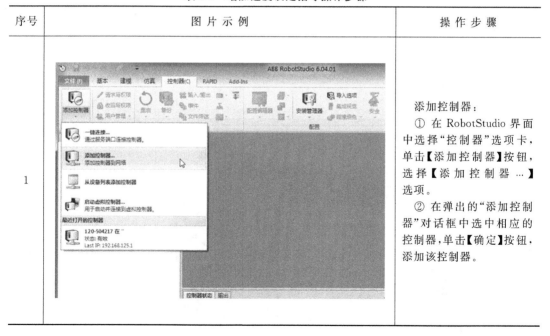	添加控制器: ① 在 RobotStudio 界面中选择"控制器"选项卡,单击【添加控制器】按钮,选择【添加控制器 …】选项。 ② 在弹出的"添加控制器"对话框中选中相应的控制器,单击【确定】按钮,添加该控制器。

序号	图片示例	操作步骤
2	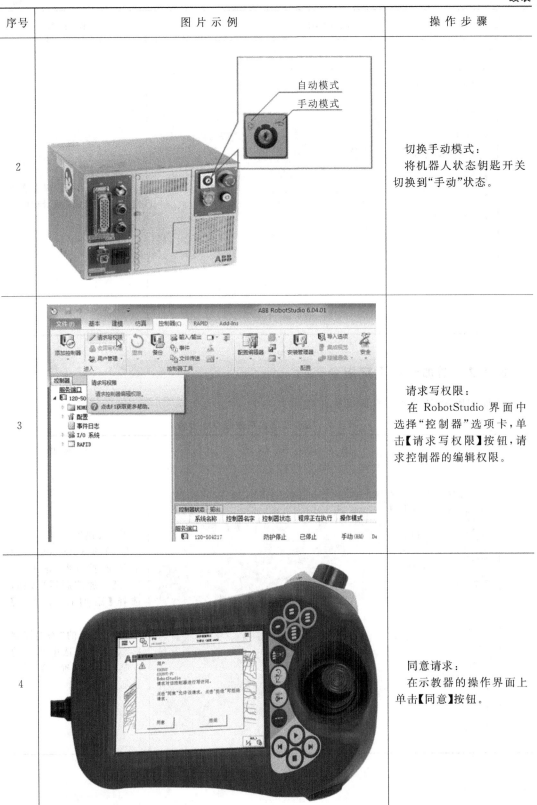	切换手动模式： 将机器人状态钥匙开关切换到"手动"状态。
3		请求写权限： 在 RobotStudio 界面中选择"控制器"选项卡，单击【请求写权限】按钮，请求控制器的编辑权限。
4		同意请求： 在示教器的操作界面上单击【同意】按钮。

续表

序号	图 片 示 例	操 作 步 骤
5	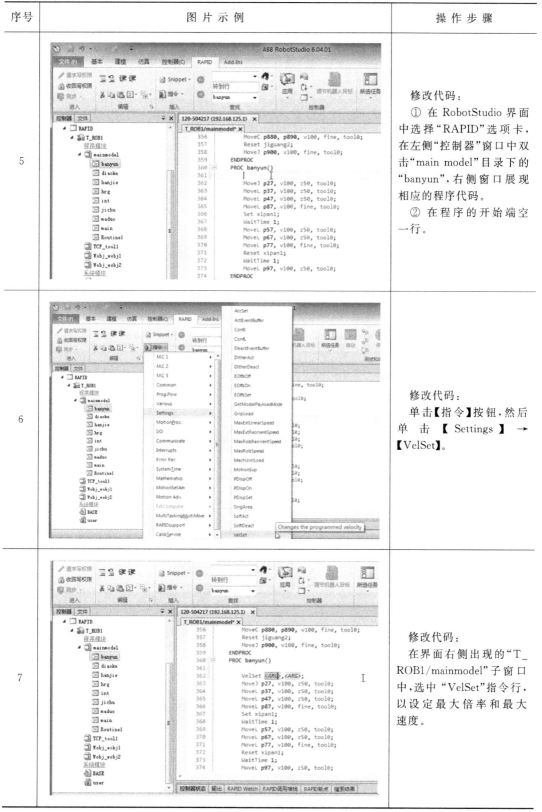	修改代码： ① 在 RobotStudio 界面中选择"RAPID"选项卡，在左侧"控制器"窗口中双击"main model"目录下的"banyun"，右侧窗口展现相应的程序代码。 ② 在程序的开始端空一行。
6		修改代码： 单击【指令】按钮，然后单击【Settings】→【VelSet】。
7		修改代码： 在界面右侧出现的"T_ROB1/mainmodel"子窗口中，选中"VelSet"指令行，以设定最大倍率和最大速度。

序号	图 片 示 例	操 作 步 骤
8	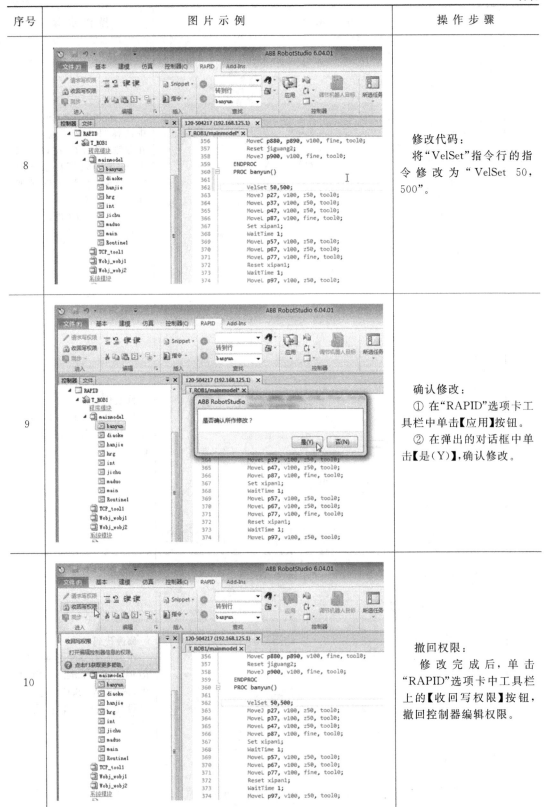	修改代码： 将"VelSet"指令行的指令修改为"VelSet 50，500"。
9		确认修改： ① 在"RAPID"选项卡工具栏中单击【应用】按钮。 ② 在弹出的对话框中单击【是(Y)】，确认修改。
10		撤回权限： 修改完成后，单击"RAPID"选项卡中工具栏上的【收回写权限】按钮，撤回控制器编辑权限。

8.4 在线编辑 I/O 信号

在线编辑I/O信号

在线编辑 I/O 信号的具体操作步骤见表 8-7。

表 8-7 在线编辑 I/O 信号操作步骤

序号	图 片 示 例	操 作 步 骤
1		添加控制器： ① 在 RobotStudio 界面中选择"控制器"选项卡，单击【添加控制器】按钮，选择【添加控制器 …】选项。 ② 在弹出的"添加控制器"对话框中选中相应的控制器，单击【确定】按钮，添加该控制器。
2		切换手动模式： 将机器人状态钥匙开关切换到"手动"状态。
3		请求写权限： 在 RobotStudio 界面中选择"控制器"选项卡，单击工具栏中的【请求写权限】按钮，请求控制器的编辑权限。

序号	图 片 示 例	操 作 步 骤
4	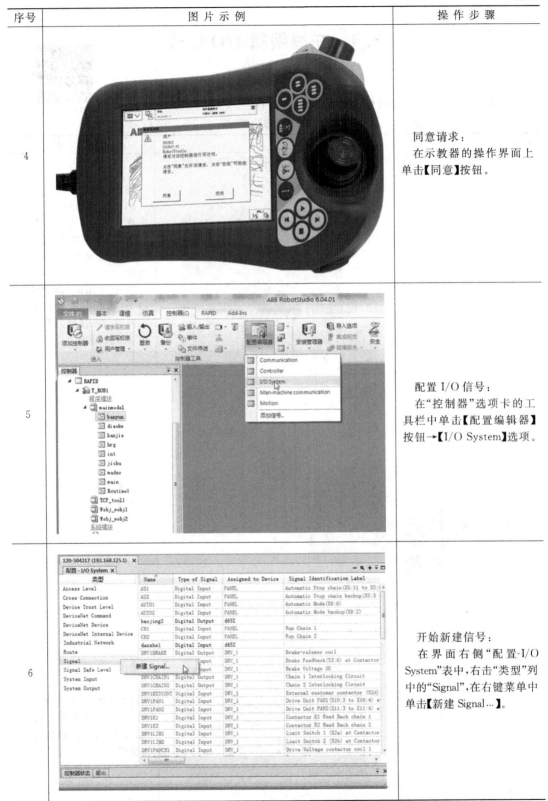	同意请求： 在示教器的操作界面上单击【同意】按钮。
5		配置 I/O 信号： 在"控制器"选项卡的工具栏中单击【配置编辑器】按钮→【I/O System】选项。
6		开始新建信号： 在界面右侧"配置-I/O System"表中，右击"类型"列中的"Signal"，在右键菜单中单击【新建 Signal…】。

续表

序号	图 片 示 例	操作步骤
7	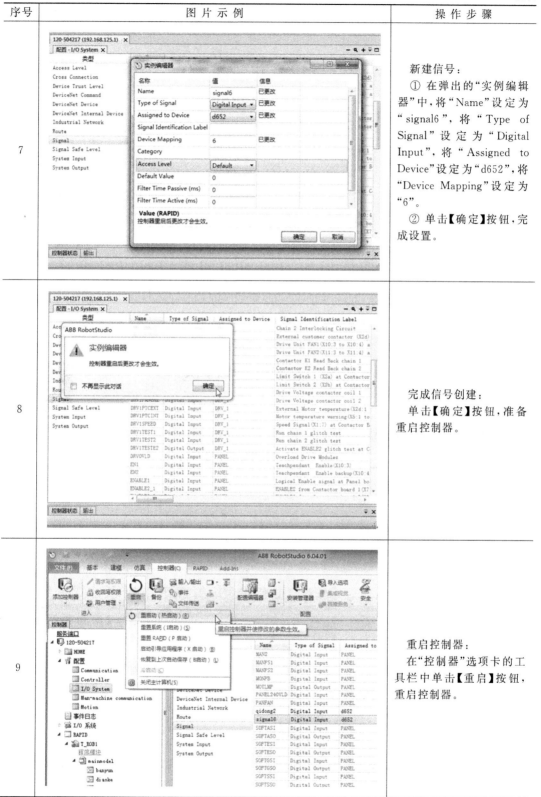	新建信号： ① 在弹出的"实例编辑器"中，将"Name"设定为"signal6"，将"Type of Signal"设定为"Digital Input"，将"Assigned to Device"设定为"d652"，将"Device Mapping"设定为"6"。 ② 单击【确定】按钮，完成设置。
8		完成信号创建： 单击【确定】按钮，准备重启控制器。
9		重启控制器： 在"控制器"选项卡的工具栏中单击【重启】按钮，重启控制器。

序号	图 片 示 例	操 作 步 骤
10	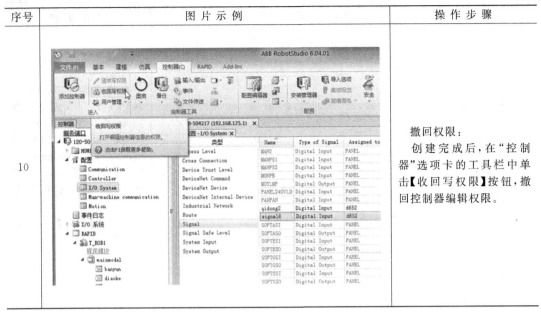	撤回权限： 　创建完成后，在"控制器"选项卡的工具栏中单击【收回写权限】按钮，撤回控制器编辑权限。

8.5　在线文件传送

在线文件传送

在线文件传送的具体操作步骤见表 8-8。

表 8-8　在线文件传送操作步骤

序号	图 片 示 例	操 作 步 骤
1		添加控制器： ① 在 RobotStudio 界面中选择"控制器"选项卡，单击【添加控制器】按钮，选择【添加控制器…】选项。 ② 在弹出的"添加控制器"对话框中选中相应的控制器，单击【确定】按钮，添加该控制器。

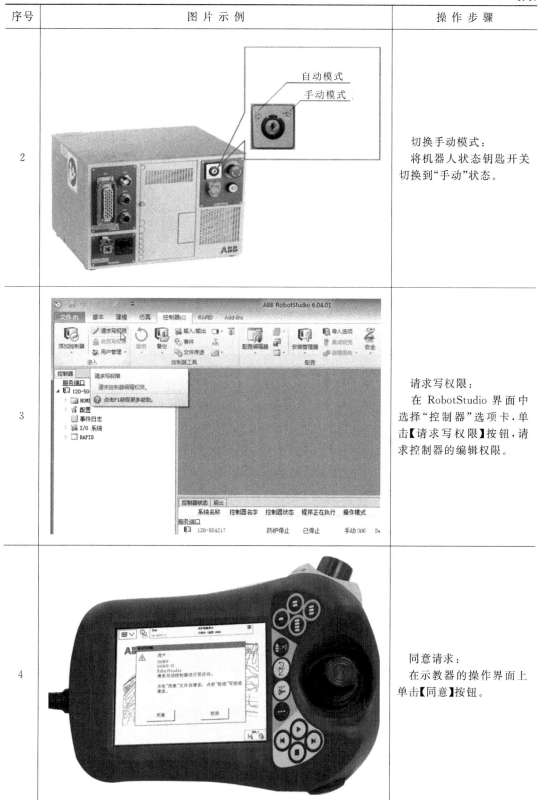

序号	图 片 示 例	操 作 步 骤
2		切换手动模式： 将机器人状态钥匙开关切换到"手动"状态。
3		请求写权限： 在 RobotStudio 界面中选择"控制器"选项卡，单击【请求写权限】按钮，请求控制器的编辑权限。
4		同意请求： 在示教器的操作界面上单击【同意】按钮。

序号	图 片 示 例	操 作 步 骤
5	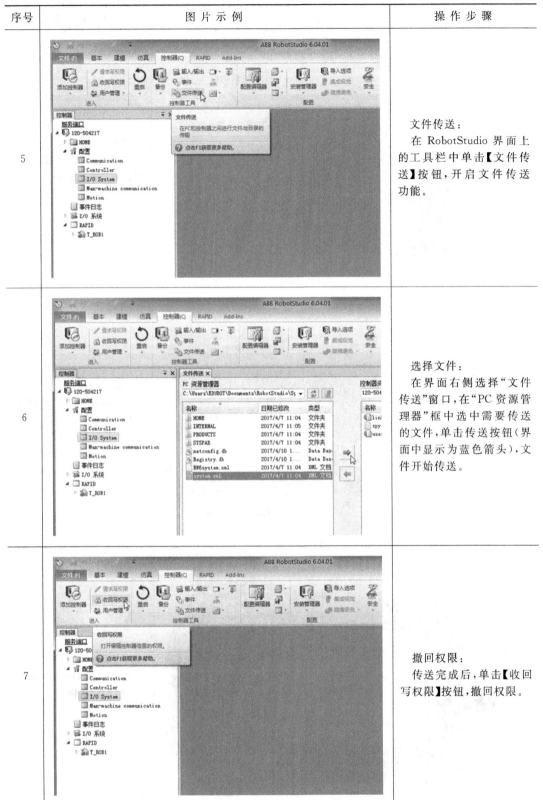	文件传送: 　在 RobotStudio 界面上的工具栏中单击【文件传送】按钮,开启文件传送功能。
6		选择文件: 　在界面右侧选择"文件传送"窗口,在"PC 资源管理器"框中选中需要传送的文件,单击传送按钮(界面中显示为蓝色箭头),文件开始传送。
7		撤回权限: 　传送完成后,单击【收回写权限】按钮,撤回权限。

思考与练习

1. 简述 RobotStudio 仿真软件连接真实控制器的操作方法。

2. 仿真软件获取在线控制权时，机器人控制器钥匙开关要打到什么模式？

3. 如何在线备份系统？

4. 如何在线编辑 RAPID 程序？

5. 如何进行在线文件传送？

参 考 文 献

[1] 张明文.工业机器人技术基础及应用[M].哈尔滨:哈尔滨工业大学出版社,2017.

[2] 张明文.工业机器人入门实用教程(ABB 机器人)[M].哈尔滨:哈尔滨工业大学出版社,2018.

[3] 张明文.工业机器人知识要点解析(ABB 机器人)[M].哈尔滨:哈尔滨工业大学出版社,2017.

[4] 叶晖.工业机器人工程应用虚拟仿真教程[M].北京:机械工业出版社,2013.

步骤一

登录"工业机器人教育网"

www.irobot-edu.com，菜单栏单击【职校】

步骤二

单击菜单栏【在线学堂】下方找到您需要的课程

步骤三

课程内视频下方单击【课件下载】

教学课件下载步骤

咨询与反馈

尊敬的读者：

感谢您选用我们的教材！

本书有丰富的配套教学资源，在使用过程中，如有任何疑问或建议，可通过邮件（edubot@hitrobotgroup.com）或扫描右侧二维码，在线提交咨询信息。

全国服务热线：400-6688-955

（教学资源建议反馈表）

先进制造业学习平台

先进制造业职业技能学习平台
工业机器人教育网（www.irobot-edu.com）

先进制造业互动教学平台
海渡职校APP

一键下载
收入口袋

专业的教育平台	先进制造业垂直领域在线教育平台
更轻的学习方式	随时随地、无门槛实时线上学习
全维度学习体验	理论加实操，线上线下无缝对接
更快的成长路径	与百万工程师在线一起学习交流

领取专享积分

下载"海渡职校APP"，进入"学问"—"圈子"，
晒出您与本书的合影或学习心得，即可领取超额积分。

积分兑换

专家课程

实体书籍

实物周边

线下实操

先进制造业人才培养丛书

■ 工业机器人

教材名称	主编	出版社
工业机器人技术人才培养方案	张明文	哈尔滨工业大学出版社
工业机器人基础与应用	张明文	机械工业出版社
工业机器人技术基础及应用	张明文	哈尔滨工业大学出版社
工业机器人专业英语	张明文	华中科技大学出版社
工业机器人入门实用教程(ABB机器人)	张明文	哈尔滨工业大学出版社
工业机器人入门实用教程(FANUC机器人)	张明文	哈尔滨工业大学出版社
工业机器人入门实用教程(汇川机器人)	张明文、韩国震	哈尔滨工业大学出版社
工业机器人入门实用教程(ESTUN机器人)	张明文	华中科技大学出版社
工业机器人入门实用教程(SCARA机器人)	张明文、于振中	哈尔滨工业大学出版社
工业机器人入门实用教程(珞石机器人)	张明文、曹华	化学工业出版社
工业机器人入门实用教程(YASKAWA机器人)	张明文	哈尔滨工业大学出版社
工业机器人入门实用教程(KUKA机器人)	张明文	哈尔滨工业大学出版社
工业机器人入门实用教程(EFORT机器人)	张明文	华中科技大学出版社
工业机器人入门实用教程(COMAU机器人)	张明文	哈尔滨工业大学出版社
工业机器人入门实用教程(配天机器人)	张明文、索利洋	哈尔滨工业大学出版社
工业机器人知识要点解析(ABB机器人)	张明文	哈尔滨工业大学出版社
工业机器人知识要点解析(FANUC机器人)	张明文	机械工业出版社
工业机器人编程及操作(ABB机器人)	张明文	哈尔滨工业大学出版社
工业机器人编程操作(ABB机器人)	张明文、于霜	人民邮电出版社
工业机器人编程操作(FANUC机器人)	张明文	人民邮电出版社
工业机器人编程基础(KUKA机器人)	张明文、张宋文、付化举	哈尔滨工业大学出版社
工业机器人离线编程	张明文	华中科技大学出版社
工业机器人离线编程与仿真(FANUC机器人)	张明文	人民邮电出版社
工业机器人原理及应用(DELTA并联机器人)	张明文、于振中	哈尔滨工业大学出版社
工业机器人视觉技术及应用	张明文、王璐欢	人民邮电出版社
智能机器人高级编程及应用(ABB机器人)	张明文、王璐欢	机械工业出版社
工业机器人运动控制技术	张明文、于霜	机械工业出版社
工业机器人系统技术应用	张明文、顾三鸿	哈尔滨工业大学出版社
机器人系统集成技术应用	张明文 何定阳	哈尔滨工业大学出版社
工业机器人与视觉技术应用初级教程	张明文 何定阳	哈尔滨工业大学出版社

■ 智能制造

教材名称	主编	出版社
智能制造与机器人应用技术	张明文、王璐欢	机械工业出版社
智能控制技术专业英语	张明文、王璐欢	机械工业出版社
智能制造技术及应用教程	谢力志、张明文	哈尔滨工业大学出版社
智能运动控制技术应用初级教程(翠欧)	张明文	哈尔滨工业大学出版社
智能协作机器人入门实用教程(优傲机器人)	张明文、王璐欢	机械工业出版社
智能协作机器人技术应用初级教程(遨博)	张明文	哈尔滨工业大学出版社
智能移动机器人技术应用初级教程(博众)	张明文	哈尔滨工业大学出版社
智能制造与机电一体化技术应用初级教程	张明文	哈尔滨工业大学出版社
PLC编程技术应用初级教程(西门子)	张明文	哈尔滨工业大学出版社

教材名称	主编	出版社
智能视觉技术应用初级教程（信捷）	张明文	哈尔滨工业大学出版社
智能制造与PLC技术应用初级教程	张明文	哈尔滨工业大学出版社

■工业互联网

教材名称	主编	出版社
工业互联网人才培养方案	张明文、高文婷	哈尔滨工业大学出版社
工业互联网与机器人技术应用初级教程	张明文	哈尔滨工业大学出版社
工业互联网智能网关技术应用初级教程（西门子）	张明文	哈尔滨工业大学出版社
工业互联网数字孪生技术应用初级教程	张明文、高文婷	哈尔滨工业大学出版社

■人工智能

教材名称	主编	出版社
人工智能人才培养方案	张明文	哈尔滨工业大学出版社
人工智能技术应用初级教程	张明文	哈尔滨工业大学出版社
人工智能与机器人技术应用初级教程（e.Do教育机器人）	张明文	哈尔滨工业大学出版社